AF453284

# HISTOIRE DES HERBIERS

Lyon, Assoc. typ., rue de la Barre, 12. — F. PLAN, directeur

# HISTOIRE

# DES HERBIERS

PAR LE

D᾽ SAINT-LAGER

PARIS

J.-B. BAILLIÈRE ET FILS, ÉDITEURS

Rue Hautefeuille, 19

1885

# HISTOIRE DES HERBIERS

PAR

## Le D<sup>r</sup> SAINT-LAGER

I

## L'histoire des herbiers a été négligée jusqu'à présent.

Parmi les questions du domaine de l'histoire de la Botanique, il en est une, celle de l'origine des herbiers, qui, pendant longtemps, est restée dans le plus complet oubli. En effet, il n'en est fait aucune mention dans les ouvrages de Tournefort, de Linné, de Haller et de Seguier, non plus que dans l'*Historia rei herbariae* de Sprengel et dans l'*Histoire de la Botanique* de Hoefer. Meyer est le premier qui, en 1857, s'en soit occupé dans un chapitre de sa *Geschichte der Botanik* intitulé *Sammlungen getrockneter Pflanzen* (1). L'année suivante, M. Caruel décrivit l'herbier de Cesalpin (2). Enfin, dernièrement, MM. Camus et Penzig ont publié une intéressante notice sur un herbier de la fin du XVI<sup>e</sup> siècle qu'on a découvert dans les archives de Modène (3). Ces documents étant les seuls que nous possédons sur l'histoire des herbiers et n'ayant pas eu la notoriété qu'ils méritent, il nous a paru qu'il ne serait pas sans utilité d'en présenter un résumé en y ajoutant le résultat de nos propres recherches sur le même sujet.

Comment se fait-il que la question de l'origine historique des herbiers ait été pendant si longtemps laissée dans l'oubli et que,

---

(1) Ernst H.-F. Meyer : *Geschichte der Botanik*, B. IV, p. 266. Kœnigsberg, 1857.

(2) Théod. Caruel : *Illustratio in hortum siccum Andreae Caesalpini.* Florentiae, 1858.

(3) J. Camus et O. Penzig : *Illustrazione del ducale erbario estense conservato nel R. Archivio di stato in Modena,* 1855. Modena.

posée seulement au milieu de notre siècle, elle ait été l'objet
d'un si petit nombre de travaux ? Cet abandon nous paraît s'expliquer par la tendance de notre esprit à croire que les procédés
actuellement en usage ont toujours été connus, alors surtout
que leur invention n'exige aucun effort de génie. Voyant les
enfants eux-mêmes, pendant leurs promenades à la campagne,
insérer des fleurettes entre les feuillets d'un livre, nous sommes
portés à admettre, sans plus ample examen, que les botanistes
ont dû, à toutes les époques, pratiquer l'art si simple de conserver les plantes. L'utilité des collections de plantes sèches est
d'ailleurs si unanimement reconnue que nous sommes invinci-
blement conduits à supposer que le célèbre aphorisme de Linné
« *Herbarium omni botanico necessarium* » a été de tout temps
un article fondamental de la philosophie botanique. Meyer fait
avec une entière bonne foi l'aveu de son illusion à cet égard :
« J'étais tellement accoutumé, dit-il, à considérer les herbiers
comme tout à fait indispensables à l'étude des plantes qu'il ne
m'était jamais venu à l'esprit de soupçonner qu'on n'en ait pas
fait usage dès la plus haute antiquité. Aussi grande fut ma sur-
prise lorsqu'un jour quelqu'un me demanda de lui dire le nom
du botaniste qui, le premier, a eu l'idée de composer un herbier
et de lui faire connaître le livre dans lequel il pourrait trouver
des renseignements sur l'origine et les progrès de cette invention. » — Ami lecteur, soyez franc : seriez-vous en état de
répondre à la question qui fut brusquement posée au savant
auteur de l'*Histoire de la Botanique* ?


## II

### Signification du mot « herbarium » jusqu'à la fin du XVI<sup>e</sup> siècle.

On peut affirmer, sans crainte d'être démenti, que l'idée de
former une collection de plantes sèches et comprimées dans un but
phytographique ne se trouve exprimée en aucun des écrits des
naturalistes grecs et romains. Cependant, comme la Médecine est,
après l'Agriculture, la science la plus ancienne et que la plupart
des remèdes étaient autrefois tirés des végétaux, il y a eu dès
l'aurore de la civilisation grecque des hommes se livrant à la

récolte des plantes (*botanologoi* ou *rhizotomoi*) et des marchands
de plantes médicinales (*phytopolai*).

Dans la langue latine le mot *herbarius* désignait, comme le
mot français herboriste, un collectionneur de plantes (1), et
celui d'*herbarium* un traité de botanique ordinairement accompagné de dessins représentant les plantes. Parmi les auteurs
grecs qui ont composé des ouvrages de cette sorte, le plus célèbre est Crataevas que Dioscoride, dans la préface de sa *Matière
médicale*, place au-dessus de tous les autres phytologues à
cause de l'exactitude de ses descriptions. Pline (XXV, 4)
reconnaît que Crataevas, Dionysios et Metrodoros ont rendu fort
attrayante l'étude de la Botanique en représentant chaque plante
au moyen d'une figure coloriée au-dessous de laquelle se trouve
l'indication des caractères et des propriétés. Toutefois, ajoute
Pline, la peinture est souvent trompeuse parce que les copistes
ne parviennent pas toujours à reproduire fidèlement le coloris
de l'exemplaire original fait d'après nature.

Parmi les *Herbaria* qui sont parvenus jusqu'à nous, le plus
ancien est celui d'Apuleius Platonicus, composé vers l'an 350 de
l'ère chrétienne et imprimé à Rome en 1493 d'après un manus-
crit orné de figures du XII⁰ siècle. Un autre *herbarium*, rédigé
pendant la première moitié du XIV⁰ siècle par Giacomo Dondi
de Padoue, surnommé *aggregator patavinus*, fut imprimé à
Mayence chez les associés et successeurs de Gutenberg, puis à
Padoue en 1485 et 1486, à Vicence en 1491 et à Venise en 1499,
1502 et 1509. Il a été traduit en plusieurs langues avec diverses
variantes : telles sont les versions publiées à Anvers, en 1484,
sous le titre de *Herbarius of Kruideboek* (herbier ou traité des

---

(1) Galien nous apprend que, par ordre des empereurs romains, des herboristes séjournaient dans l'île de Crète pour y récolter des plantes qu'ils
envoyaient ensuite à Rome dans de grands paniers d'osier (*peri antidotôn*
1, 2). — Afin d'éviter une confusion, les herboristes avaient soin d'enve-
lopper un échantillon de chaque espèce dans une feuille de parchemin en-
roulée sur laquelle le nom de la plante était inscrit (Ibid. I, 14).
  C'est par erreur que plusieurs botanistes latinisants ont employé le mot
*herbarius* à la place de celui d'*herbarium* pour désigner les traités de botanique. L'acception du mot *herbarius* (herboriste) est fixée d'une manière
certaine par les six passages suivants de l'*Histoire naturelle* de Pline. —
Dalion *herbarius* ex eo (Aniso) cataplasma imposuit XX, 73. — Scelus *her-
bariorum* aperietur in hac mentione XXI, 83. — *Herbarii* nostri strumeam
vocant (Ranunculum) XXV, 109. — Sideritis... ne rursus sata diro *herba-
riorum* scelere XXVI, 12. — Namque et hoc vitio laboravere proximi uti-
que *herbarii* nostri XXVII, 43. — *Herbarii* et ad anginam utuntur illa (Po-
lygono) XXVII, 91.

plantes), à Venise en 1522, 1536, 1539 et 1540 sous celui de *Herbolario volgare*, puis à Paris, en 1530, sous la désignation de *Grant herbier en francoys contenant les qualitez vertus et proprietez des herbes,* rue Neuve Notre-Dame à l'enseigne de l'escu de France. Les libraires Jean Nyvert, Guillaume Nyvert, Denis Janot, Jean Janot et Alain Lotrian réimprimèrent successivement, jusque vers 1620, le *Grant herbier en francoys* translaté du latin.

Longue serait l'énumération des ouvrages publiés au XVI⁰ siècle sous le titre d'*Herbarium*. Les plus connus sont : *Herbarium* de Brunfels (Argentorati, 1530), *Herbarium polonicum* par Falimierz (Krakow, 1534), *New Herball wherin are contained the names of herbes* by William Turner (London, 1551), *Erbolario* de Tartaglini (Firenze, 1558), *Herbarz* par Siennik (Cracovie, 1568), *Herbario nuovo* de Castore Durante (Romae, 1585), *Herbarz polski* par Urzedow (Cracovie, 1595), *Herball or general history of plants* by Gerarde (London, 1597), et enfin *Herbarium Horstianum* composé pendant la seconde moitié du XVI⁰ siècle et qui ne fut imprimé que trente ans après la mort de Horst.

En donnant la liste de ces ouvrages, nous avons voulu prouver que le mot *Herbarium* était au XVI⁰ siècle synonyme de *Historia plantarum.* Il nous serait d'ailleurs facile de rapporter plusieurs passages des écrivains de cette époque où les traités phytologiques tels que l'*Hortus sanitatis*, résumé de l'enseignement de l'école de Salerne, le *Botanicon* de Dorstenius, les *Kreuterbuch* ou *Stirpium historiae* de Bock (Tragus), de Fuchs, de Lonitzer et de Tabernaemontanus, le *Cruydeboek* de Dodoens et autres ouvrages semblables, étaient indifféremment désignés sous le titre choisi par les auteurs de ces écrits ou sous celui d'*Herbarium*. Il nous suffira de rappeler qu'Amatus Lusitanus, dans ses *Enarrationes in Dioscoridis libros*, et Matthiole dans son *Apologia adversus Amatum,* parlent de plantes décrites et figurées dans l'*Herbarium* de Leonhard Fuchs, voulant indiquer par cette dernière appellation l'*Historia stirpium* publiée en 1542 par le célèbre professeur de Tübingen (1).

---

(1) Cujus quoque judicio (Acorum) susbcripsit Leonhardus Fuchsius in illo suo magno artificio confecto herbario. *Enarr.* lib. I, cap. 1. — Hanc vero (Sideritim) Fuchsius in suo herbario novisse videtur..... Ipsa enim Fuchsii pictura de Lusitani fide maximo testatur. — *Apolog. adv. Amatum.*

Au surplus, l'acception attribuée au mot *Herbarium* pendant le XVI⁰ siècle et même la plus grande partie du XVII⁰ siècle était parfaitement conforme à la tradition conservée dans les Écoles du moyen-âge et à la définition qu'en avaient donnée deux érudits dont les ouvrages faisaient autorité en matière d'onomastique scientifique, nous voulons parler d'Aurelius Cassiodore, né à la fin du V⁰ siècle, et d'Isidore, qui fut nommé évêque de Séville en l'an 601. Dans son traité *de Institutione divinarum scripturarum*, Cassiodore recommande pardessus tout aux ecclésiastiques chargés du soin des malades d'étudier assidûment la *Matière médicale* de Dioscoride, et au lieu de désigner ce livre sous son véritable titre, il l'appelle *herbarium* (1). Il est bon d'ajouter ici qu'au temps où vivait Cassiodore et dans les siècles précédents, les exemplaires manuscrits de la *Matière médicale* de Dioscoride étaient accompagnés de figures. On conserve précieusement à la Bibliothèque de Vienne deux anciens exemplaires de ces manuscrits. Il y en a aussi un à Paris, à la Bibliothèque Nationale, et trois à Leide.

Dans le chapitre de ses *Origines* consacré aux livres de médecine, Isidore dit que les mots *botanicum* et *herbarium* s'appliquent à des ouvrages contenant la description des plantes (2). Si l'on ouvre à l'article *botanicum* un des dictionnaires latin français en usage actuellement, on y lit que ce substantif, employé par Isidore, signifie un herbier. Or, comme nos contemporains ignorent l'ancienne acception du mot herbier et de son équivalent latin *herbarium*, ils seront inévitablement portés à conclure, d'après cette version fallacieuse, que vers l'an 600 de l'ère chrétienne les botanistes faisaient des herbiers, c'est-à-dire réunissaient sous forme de volume des collections de plantes séchées et comprimées. Une telle conséquence montre une fois de plus combien il faut se défier des lexiques faits ordinairement par des auteurs qui se bornent à copier ceux de leurs prédécesseurs et nous apprend que, pour connaître la valeur exacte des expressions, il faut toujours avoir soin de remonter aux ouvrages où elles ont été employées (3).

---

(1) Imprimis habetis herbarium Dioscoridis qui herbas agrorum mirabili proprietate disseruit atque depinxit, *de medicis* cap. 31.

(2) Botanicum herbarium dicitur quod ibi herbae notentur, IV, 10.

(3) Dans un précédent écrit (*Réforme de la nomenclature botanique*, p. 38-60), nous avons donné une autre preuve du peu de clairvoyance des

Le substantif *herbarium* a été pris quelquefois, mais beaucoup plus rarement, dans le sens de droguier, ou collection de produits médicinaux, tels que racines, feuilles, fleurs, fruits, graines, écorces, gommes, résines, poudres végétales et minérales, conformément à la définition donnée par Firmicus : « *herbaria faciet qui scilicet herbas solerti arte collectas ad medelam laborantium servent* » lib. VIII, cap. 13. Si l'on n'était prévenu, on risquerait fort de donner une interprétation erronée à la phrase suivante de l'*Historia rei herbariae* de Sprengel : « Grâce à la munificence du duc Alphonse d'Este, Antonius Musa Brasavola établit dans une île du Po, près de Ferrare, un jardin botanique et un riche *herbarium* » (t. 1, p. 329). Il ne peut exister aucun doute sur le contenu du susdit *herbarium*, car Amatus Lusitanus dit dans ses *Enarrationes* : « J'ai vu ces poudres (il s'agit de deux sortes de Phompholix et du Spodium) à Ferrare, chez mon excellent ami Antonius Musa Brasavola, lequel a réuni en diverses cassettes une collection de tous les Simples qu'il montre avec une parfaite bonne grâce à toutes les personnes désireuses de la voir. » (*Enarr.* lib. V, cap. 44). Tiraboschi, dans la *Storia della litteratura italiana* (t. VII, part. 11, p. 57) parle en ces termes du droguier d'Ant. Musa Brasavola : « gran raccolta di simplici divisi con ordine in diversi scrigni ». Ces explications étaient indispensables pour l'intelligence de cette seconde acception du mot *herbarium* (1).

---

lexicographes à propos du genre grammatical de plusieurs noms de plantes cités par Pline. Nous avons aussi expliqué qu'ils n'ont même pas su rectifier des erreurs de copiste, comme, par exemple, la faute d'orthographe « potamogeton » pour *potamogiton*. Cependant, il n'est pas nécessaire d'être profondément versé dans la science philologique pour savoir que dans la transcription latine la diphthongue grecque *ei* se change en *i* et que, par conséquent, *potamogeiton* (voisin des fleuves) devient dans la langue de Pline *potamogiton*. La même règle a été observée dans les mots *Aristogiton* (Aristogeiton), *Chirurgia* (cheirourgia), *Dinotherium* (Deinotherium), *Lichen* (Leichen), *Liriodendron*, (Leiriodendron), et une multitude d'autres semblables.

(1) Antonius Musa Brasavola est né à Ferrare en 1500, et a publié à Rome, en 1536, un ouvrage intitulé : « *Examen omnium simplicium medicamentorum quorum usus est in publicis disciplinis et officinis* ». Il importe de remarquer que Brasavola qui, par l'établissement du jardin botanique du Belvédère et d'un riche droguier, a donné une preuve manifeste de son amour pour les collections de plantes, n'a pas eu l'idée d'en former une composée de plantes comprimées et réunies en volumes.

## III

### Ancienneté des jardins botaniques.

Nous n'avons pas le dessein de présenter ici l'histoire complète des jardins botaniques : un tel exposé, si intéressant qu'il soit, nous entraînerait trop loin hors de notre sujet. Nous voulons seulement montrer que l'institution des jardins botaniques est de beaucoup antérieure à l'usage des herbiers, quoique celui-ci, à la portée de tout le monde, soit incomparablement plus facile à réaliser d'une manière pratique.

Nous ne parlerons pas des jardins d'agrément qui, dès les temps les plus reculés, ont été établis autour des demeures princières, non seulement à Babylone, près des splendides palais de l'opulente Sémiramis, mais encore jusque dans les petites îles d'Ithaque et de Corcyre où régnaient sur un petit nombre de sujets Laerte, père d'Ulysse, et Antinoüs, roi des Phéaciens.

Il ne sera question dans ce chapitre que des jardins établis en vue de l'étude des plantes, considérées soit en elles-mêmes sous le rapport purement botanique, soit en ce qui concerne l'utilité thérapeutique de chacune d'elles. Or, le premier jardin qui semble avoir été constitué pour une telle destination est celui que fonda Aristote au Lycée d'Athènes en même temps que le premier musée d'histoire naturelle et la première bibliothèque scientifique. Les historiens n'ont donné aucun détail sur l'arrangement de ce jardin; nous savons seulement qu'il fut confié à Théophraste, et que celui-ci en mourant légua à dix de ses élèves, dont les noms ont été conservés par Diogène de Laerte, le jardin et des logements pour chacun d'eux, le musée et un petit temple élevé à la mémoire d'Aristote, à condition que la propriété de cet Institut resterait indivise, inaliénable, et ne serait jamais affectée à une autre destination. Les discordes qui agitèrent la République athénienne et surtout les guerres qui amenèrent sa ruine empêchèrent la réalisation du désir exprimé par Théophraste dans son testament. Pour comble de malheur, les disciples de Théophraste ne surent même pas conserver la part la plus précieuse de l'héritage qu'ils avaient reçu, c'est-à-dire les œuvres de leur maître et celles d'Aristote dont l'ensemble formait une véritable encyclopédie des connaissances humaines (1).

On a vu des rois... cultiver avec amour la Botanique. Il est vrai que cela n'est pas arrivé souvent, et que d'ordinaire la plupart des monarques se livrent de préférence à d'autres délassements moins scientifiques et surtout moins inoffensifs pour leurs sujets et pour ceux qu'il leur plaît de prendre pour ennemis. Si rare que soit le fait, notons qu'Attale Philométor, roi de Pergame, et Mithridate Eupator, roi de Pont, établirent à grands frais de vastes jardins où ils cultivaient toutes les plantes connues de leur temps, et surtout celles qui pouvaient servir de remèdes. Suivant Crataevas et Lenaeus, cités par Pline (XXV, 26, 27, 29), Mithridate aurait découvert les vertus du *Scordotis* et de deux autres plantes qui portent son nom, la *Mithridatia* et l'*Eupatorion*. Mithridate avait composé un antidote contre les poisons et la morsure des animaux venimeux. — Attale s'appliqua particulièrement à étudier les propriétés de l'Hellébore, de l'Aconit, de la Ciguë, de la Jusquiame et du Dorycnion. (Galien, *peri Antidotôn* I, 1. — Plutarque, *Démétrius* XXV) (2).

Lorsque la Grèce eut été subjuguée par les rois de Macédoine, et ensuite par les généraux romains, le foyer des sciences, des lettres et des arts fut transporté à Alexandrie. Là, sous l'habile direction d'Hérophile et d'Erasistrate, l'Anatomie, la Physiologie et la Matière médicale firent de grands progrès. Les écrits des maîtres de cette École ne nous sont pas parvenus ; cependant nous avons une partie de ceux de Galien, qui fut un des élèves les plus distingués de l'École d'Alexandrie. On sait avec quel soin minutieux cet illustre médecin étudia les plantes médicinales. Afin de bien les connaître, il voulut les voir toutes dans leur pays natal, et à cet effet, il visita l'Asie-Mineure, la Palestine, l'Égypte, la Grèce et une grande partie de l'Italie. Suivant lui, il ne suffit pas que le médecin, vraiment digne de ce nom,

---

(1) *Vie des philosophes illustres.* — Les dix légataires désignés par Théophraste étaient Hipparque, Nélée, Straton, Callinus, Démotime, Démarate, Callisthène, Mélante, l'ancréon et Nicippe. Jamais on ne vit pareille décurie de maladroits !

(2) On sait que, d'après une vieille tradition, les vertus du *Teucrion* auraient été découvertes par Teucer, roi des Troyens; celles de la Gentiane par Gentius, roi d'Illyrie; celles de la *Lysimachia* par Lysimaque, roi de Thrace et de Macédoine, et enfin celles de l'*Euphorbion* par Juba, roi de Numidie, lequel dédia la plante à son médecin Euphorbe. O trois et quatre fois heureux les peuples gouvernés par des rois adonnés à l'étude des Simples !

ait vu les Simples envoyés de l'île de Crète par les herboristes,
il faut encore qu'il aille lui-même les cueillir vivants en un
grand nombre de pays, aussi intéressants sous le rapport phytologique que la Crète. Déjà dans la préface de sa *Matière médicale*, Dioscoride avait proclamé que les voyages sont le com-
plément indispensable des études botaniques.

Certes, voilà qui est admirablement dit. Toutefois, en donnant
cet excellent conseil, Dioscoride et Galien paraissent avoir ou-
blé le vieux proverbe suivant lequel « il n'est pas donné à tout
le monde d'aller vivre à Corinthe », où la vie est si chère. À
plus forte raison n'est-il pas possible à tous les naturalistes de
visiter les diverses contrées de l'Europe, de l'Asie et de l'Afri-
que afin d'acquérir une connaissance approfondie des plantes.
Aussi la plupart d'entre eux sont-ils obligés de se contenter
d'examiner celles-ci dans les jardins botaniques. C'est le parti
auquel Pline s'était arrêté, d'abord parce que sa fonction de
commandant de la flotte romaine ne lui laissait pas le loisir
d'entreprendre de longs voyages sur terre, ensuite parce que
n'étant pas médecin ni même naturaliste, il n'éprouvait pas le
besoin de devenir un botaniste consommé. Au surplus, n'ayant
d'autre prétention que celle de résumer en une compilation
écrite en latin les ouvrages des phytologues grecs peu connus
de la plupart de ses compatriotes, il lui suffisait d'être assez
frotté de Botanique pour éviter de commettre, dans sa transcription, de grosses bévues, comme, par exemple, de prendre pour
une plante le fromage des Scythes appelé *Hippax*, ou de con-
fondre le *Stachys creticus* avec l'*Allium porrum* (Porreau).
C'est pourquoi il se plaisait à visiter souvent le jardin où toutes
les espèces végétales connues étaient cultivées par Antonius
Castor, qui, malgré son âge avancé (il était alors plus que cen-
tenaire), avait conservé une mémoire et une vigueur extraordi-
naires (XXV, 5).

Après la chute de l'empire romain et son morcellement en
empire d'Orient et empire d'Occident, la tradition scientifique
passa chez les Arabes. Sachant que les médecins arabes dirigè-
rent surtout leurs études du côté de la Matière médicale, on
serait porté à penser qu'ils ont dû établir des jardins botaniques;
cependant, faute de preuves, il est impossible d'émettre une
affirmation à ce sujet. Aussi nous avons hâte d'arriver à un fait
de la plus haute importance dans l'histoire de la Botanique : il

s'agit de l'édit de Charlemagne ordonnant l'établissement de jardins botaniques dans toutes les villes de l'Empire (1).

Nous donnons ci-après la liste des plantes dont la culture est prescrite par l'édit des Capitulaires de ce grand monarque qui, après une longue période de barbarie, essaya de restaurer en Europe le culte des sciences et des lettres.

| *Nom dans les capitulaires.* | *Nom moderne.* |
| --- | --- |
| Lilium. | L. candidum. |
| Rosa. | R. centifolia. |
| Fœnum græcum. | Trigonella fœnum graecum. |
| Costum. | Balsamita vulgaris. |
| Salvia. | S. officinalis. |
| Ruta. | R. graveolens. |
| Abrotonum. | Artemisia abrotonum. |
| Cucumis. | C. sativus. |
| Fasiolus. | Fasiolus vulgaris. |
| Ciminum. | Cuminum cyminum. |
| Ros marinus. | R. officinalis. |
| Carcium. | Carum carvi. |
| Cicer italicum. | C. arietinum. |
| Squilla. | Scilla maritima. |
| Gladiolus. | { G. communis.<br>{ Iris germanica et florentina. |
| Dragontea. | Artemisia dracunculus. |
| Anetum. | Anethum graveolens. |
| Coloquentida. | Cucumis colocynthis. |
| Solsequium. | Cichorium intybus. |
| Ameum. | Ammi majus. |
| Silum. | Tordylium officinale. |
| Lactuca. | L. sativa. |
| Git. | Nigella sativa. |
| Eruca alba. | E. sativa. |
| Nasturtium. | N. officinale. |
| Parduna. | Lappa major. |
| Puledium. | Mentha pulegium. |
| Olisatum. | Smyrnium olus atrum. |
| Petreselinum. | Apium petroselinum. |
| Leiusticum. | Levisticum officinale. |
| Savina. | Juniperus sabina. |
| Anesum. | Pimpinella anisum. |
| Fenicolum. | Fœniculum officinale. |
| Intuba. | Cichorium endivia. |

---

(1) *Capitulare de Villis Karoli magni* dans la collection de Steph. Baluzius, tome I, p. 342, § 70.

| *Nom dans les capitulaires.* | *Nom moderne.* |
| --- | --- |
| Diptamnus. | Dictamnus albus. |
| Sinape. | Sinapis nigra. |
| Satureia. | Satureia hortensis. |
| Sisimbrium. | Mentha sativa. |
| Menta. | Mentha crispa. |
| Mentastrum. | Mentha silvestris. |
| Tanazita. | Tanacetum vulgare. |
| Nepta. | Nepeta cataria. |
| Febrifugia. | Chironia centaurium. |
| Papaver. | P. sommiferum. |
| Beta. | B. vulgaris. |
| Vulgigina. | Asarum europaeum. |
| Mismalva. | Althaea officinalis. |
| Malva. | M. silvestris. |
| Carvita. | Daucus carota. |
| Pastenaca. | Pastinaca sativa. |
| Adripia. | Atriplex hortensis. |
| Blitum. | B. capitatum. |
| Ravacaulos. | Brassica rapa. |
| Caulos. | B. oleracea. |
| Unio. | Allium cepa. |
| Britla. | Allium schœnoprasum. |
| Porrum. | Allium porrum. |
| Radix. | Raphanus sativus. |
| Ascalonica. | Allium ascalonicum. |
| Cepa. | A. cepa. |
| Allium. | A. sativum. |
| Warontia. | Rubia tinctorum. |
| Cardo. | Dipsacus fullonum. |
| Faba major. | Faba vulgaris. |
| Pisus mauriscus. | Pisum sativum. |
| Coriandrum. | C. sativum. |
| Cerfolium. | Anthriscus cerefolium. |
| Lacteris. | Euphorbia lathyris. |
| Sclareia. | Salvia sclarea. |
| Jovis barba. | Sempervivum tectorum. |
| Pomum. | Pirus malus. |
| Pirus. | P. communis. |
| Prunus. | P. domestica. |
| Sorbus. | S. domestica. |
| Mespilus. | M. germanica. |
| Castanea. | Castanea vesca. |
| Persica. | Persica vulgaris. |
| Cotoniaria. | Cydonia vulgaris. |
| Avellana | Corylus avellana. |
| Amandalarius. | Amygdalus communis. |
| Morarius. | Morus nigra. |

| *Nom dans les capitulaires.* | *Nom moderne.* |
|---|---|
| Laurus. | L. nobilis. |
| Pinus. | Pinus cembra. |
| Ficus. | F. carica. |
| Nucarius. | Juglans regia. |
| Ceresarius. | Cerasus vulgaris. |

Cette liste de 86 espèces doit être considérée seulement comme un minimum. Il est hors de doute qu'il était permis aux directeurs de jardins botaniques d'étendre leurs cultures au-delà du nombre prescrit par l'édit impérial. Le fait important à constater est l'institution officielle de l'enseignement de la Botanique au moyen des plantes vivantes.

Hélas! cette utile institution ne devait pas survivre longtemps à son illustre fondateur. L'empire de Charlemagne était d'ailleurs trop vaste pour subsister, et, en effet, de ses débris se formèrent bientôt les royaumes de France, d'Italie et de Germanie. Les descendants de Charlemagne ne parvinrent même pas à se maintenir dans leurs États; ceux qui occupaient le trône de France se laissèrent supplanter par Hugues, qui devint le chef de la dynastie capétienne. En même temps, les possesseurs de fiefs profitèrent des embarras des souverains pour se rendre indépendants, et ainsi se forma le régime anarchique appelé du nom de féodalité. Enfin la folie des croisades, les pestes, les famines, les longues guerres entre la France, l'Angleterre et l'Italie, plongèrent les peuples dans une telle désolation et dans une si profonde misère que personne ne fut tenté de se livrer à des recherches scientifiques.

Pendant cette tourmente, qui agita la plupart des États de l'Europe jusqu'à l'époque de la Renaissance, l'étude de la Botanique médicinale s'était réfugiée dans la paisible retraite habitée par quelques moines sur le sommet du Mont-Cassin, dans la chaîne de l'Apennin, qui limite au nord la Terre-de-Labour. Là s'était retiré, après quarante années passées dans les Écoles de médecine de l'Orient, le Carthaginois Constantin, pour s'y livrer à la rédaction en latin d'un grand ouvrage résumant la tradition des Grecs et des Arabes. Ses disciples fondèrent à Salerne une École de médecine qui, sous la direction de Platearius et de Matthaeus Silvaticus, acquit un grand renom dans toute l'Europe. En même temps qu'il écrivait ses *Pandectae medicinae*, Matthaeus Silvaticus établissait à Salerne (1317) un jardin botanique, à l'imitation duquel ont été fondés ceux de Venise, en 1333, par Gualterius ; de Pise, en 1544, par Luca Ghini ; de Padoue, en 1546, par Anguillara ; et de Bologne, en 1568, par Aldrovandi (1).

## IV

### Quel est l'inventeur de l'art de composer un herbier ?

Rien ne pèse autant à l'esprit humain que l'ignorance des causes et des origines. Aussi voyons-nous les savants n'être jamais embarrassés pour expliquer les phénomènes soumis à leur observation. Connaissant bien la curiosité insatiable de leurs lecteurs, les historiens ne manquent jamais de remonter jusqu'à l'origine des institutions humaines et, à défaut de faits certains, ils ne se font aucun scrupule d'inventer des fictions. Sous ce rapport, les Grecs étaient passés maîtres.

Qui a inventé l'Agriculture ? La réponse est facile. Après l'enlèvement de Proserpine, Cérès se mit à parcourir la terre un flambeau à la main, cherchant partout les traces de sa fille chérie. Un jour, épuisée de fatigue, elle s'arrêta près d'une fontaine au lieu où plus tard fut bâtie la ville d'Eleusis en Attique. Les filles du roi de ce pays l'aperçurent, et touchées de compassion la conduisirent vers leur mère, qui lui offrit gracieusement l'hospitalité. En reconnaissance du bon accueil qu'elle avait reçu, Cérès se chargea de l'éducation de Triptolème, fils de la reine ; elle lui enseigna l'agriculture et l'art de faire le pain. Triptolème, de retour dans son pays, apprit à ses compatriotes les secrets que lui avait révélés la déesse et institua en l'honneur de sa bienfaitrice les fêtes éleusines.

Quel est l'inventeur de la Médecine ? Apollon enseigna à son fils Esculape l'art de guérir toutes les maladies qui affligent l'humanité. Esculape opéra un si grand nombre de cures que

---

(1) Voici la date de fondation de quelques autres jardins botaniques. 1577 Leyde, créé par Cluyt, — 1580 Leipzig, — 1581, Kœnigsberg, — 1587 Breslau, — 1597 Montpellier, par Richier de Belleval, — 1626 Paris, par Hérouard, — 1725 Halle et Saint-Pétersbourg, — 1760 Kew près de Londres, — 1764 jardin de l'École vétérinaire de Lyon, établi par l'abbé Rozier et Claret de La Tourette, — 1792 jardin des plantes de Lyon établi d'abord à l'Observance, puis à la Déserte, par Gilibert.

Pluton fut obligé d'aller se plaindre au maître de l'Olympe, al-
léguant que l'empire des morts serait bientôt désert, s'il était
permis au fils d'Apollon de continuer l'exercice de la Médecine.

A qui devons-nous la Musique? Cette fois, c'est Apollon lui-
même qui s'est chargé d'enseigner aux hommes cet art charmant.
Après avoir été chassé du ciel, il se réfugia chez Admète, roi
de Thessalie, et pendant qu'il gardait les troupeaux de son hôte,
il apprenait aux bergers d'alentour à jouer de la flûte et de
divers autres instruments.

On sait que le même Apollon, de concert avec ses filles, les
neuf Muses, enseigna aux hommes la Poésie, l'Éloquence, l'Histoire, l'Astronomie et même la Danse, art dans lequel excellait
sa gracieuse fille Terpsichore.

Enfin, personne n'ignore que Mercure initia les hommes à
tous les secrets du commerce et de l'industrie, et que Minerve ne
dédaigna pas de leur faire connaître l'art de l'écriture et de la
peinture, et apprit aussi aux jeunes filles à filer, à tisser la laine,
à l'orner de broderies. Décidément Voltaire était mal informé
quand il a dit que l'origine des Beaux-Arts est aussi obscure que
celle de la Syphilis.

Qui donc a inventé l'art de composer un herbier? Les Grecs
ont oublié de nous le faire savoir, mais il est facile de le deviner.

Il y avait autrefois à Thèbes, en Béotie, un roi et une reine
qui s'appelaient, le premier Amphion, l'autre Niobé. Ils eurent
quatorze enfants, sept fils et sept filles. La plus jeune de celles-
ci, nommée Chloris, était belle autant qu'on puisse l'être et
avait reçu de ses sœurs le surnom de Flore, parcequ'elle se
plaisait à aller à la campagne cueillir des fleurs pour en orner
sa robe aux larges plis flottants.

Zéphyre, fils d'Eole et d'Aurore, l'ayant un jour rencontrée
pendant une de ses promenades, resta quelques instants en
extase devant la gracieuse apparition qui s'offrait à ses regards,
puis il cueillit un bouquet des plus jolies fleurs qu'il put trouver
et vint l'offrir à la belle Chloris. Le lendemain, on ne sait par
quel hasard, Zéphyre rencontra de nouveau Chloris et lui pré-
senta encore un bouquet de fleurs.... et ainsi de même les jours
suivants. Tant et si bien que, la botanique aidant, nos deux
jeunes gens s'aimèrent d'un tendre amour. Chloris, ne pouvant
se résoudre à voir se faner les objets qui lui rappelaient de si
chers souvenirs, serrait chaque jour entre des étoffes les fleurs

offertes par son bien-aimé. C'est ainsi que, sous l'inspiration de l'amour, fut composé le premier herbier.

Hélas! peut-on se fier aux serments de Zéphyre?... Autant en emporte le vent. Bientôt l'infortunée Chloris, abandonnée par son volage amant, fut réduite à contempler avec tristesse les fleurs desséchées qui lui rappelaient son bonheur perdu. Souvent on la vit errer aux lieux où elle avait passé des heures délicieuses en compagnie de l'infidèle, puis subitement se baisser pour cueillir une de ces fleurettes à pétales rayonnés que les personnes au cœur tendre se plaisent à interroger en les effeuillant. — Il m'aime..... il ne m'aime plus! répondait l'impitoyable Chrysanthème.

Resta-t-elle toujours inconsolable? Un autre sut-il adoucir sa douleur en lui fournissant l'occasion d'ajouter un second volume à son herbier? Enfin, de combien de volumes se composa la collection de la sensible Flore? Nous n'osons le dire, et à parler sincèrement, nous sommes obligés d'avouer que nous n'en savons rien. Ce que nous savons mieux, c'est que le procédé de conservation des plantes, trouvé sans effort par une jeune fille, fut perdu, et qu'il se passa long temps, bien long temps, avant qu'on le découvre de nouveau.

Nous voilà ramené à poser une seconde fois la question de savoir quel est l'inventeur de l'art des herbiers. Dans le premier chapitre de ce travail nous avons dit quel fut l'embarras de Meyer lorsque subitement on lui demanda de nommer cet inventeur. Il se vit obligé, chose cruelle pour un savant, de confesser son ignorance et même de déclarer que jusqu'alors il n'avait pas soupçonné que l'usage des herbiers ne fût pas aussi ancien que l'étude des plantes. Après de nombreuses recherches il crut pouvoir attribuer l'invention à Luca Ghini, qui enseignait la Botanique de 1531 à 1544 à Bologne, puis de 1544 à 1556 à Pise. Il est vrai que parmi les herbiers les plus anciens se trouvent ceux que formèrent, de 1553 à 1563, Aldrovandi et Cesalpino, tous deux élèves du botaniste pisan. Malheureusement il ne reste aucun écrit de Ghini, et ses disciples ont oublié d'indiquer l'inventeur du procédé employé par eux pour la préparation des collections de plantes séchées et comprimées. Nous savons seulement que Ghini, alors directeur du jardin botanique de Pise, envoya à Mattioli, célèbre botaniste de Sienne, un grand nombre de plantes, qui servirent à composer les dessins représentés dans les *Commentaires sur la Matière médicale de Dioscoride* (1). Mattioli ne dit pas dans quel état étaient les plantes qui lui furent envoyées par Ghini. Comme la distance entre Pise et Sienne n'est pas grande, on peut supposer que plusieurs étaient envoyées vivantes, d'autres simplement desséchées à l'air, sans compression, entre des feuilles de papier. Cette dernière supposition se trouve même corroborée par le passage suivant d'une lettre de Mattioli à Maranta : « J'avoue que plusieurs des figures publiées dans mes *Commentaires* sont des dessins faits d'après les plantes *sèches* qui m'ont été envoyées. Mais je puis assurer que, malgré que celles-ci fussent *contractées et recroquevillées par la dessiccation*, j'ai réussi, en les faisant macérer dans l'eau froide, à les étendre ensuite et à leur restituer à peu près la forme qu'elles avaient vivantes (2).

Dans une lettre de Guglielmus Quacelbenus (lib. III) il est parlé de plantes envoyées dans une caisse à Mattioli, sans aucune indication relativement au mode de dessiccation employé. Le procédé par compression entre des feuilles de papier n'est mentionné nulle part dans les écrits de Mattioli et dans les lettres de ses correspondants. Cependant la description de ce procédé aurait pu trouver place dans le premier chapitre des *Commentaires* où Mattioli donne des conseils sur l'art de récolter et de dessécher les plantes. L'auteur ne parle que de dessiccation à l'air sans compression, suivant l'usage des herboristes. Ensuite il donne des préceptes concernant la cueillette des fleurs, des

---

(1) Non solum ad me (Ghini) gratulatorias scripsit litteras, sed et quam plurimas misit plantas quas illi sane refero ubi earum imaginibus nostrum ornavimus Commentarium. — *Epistola Matthioli ad Georgium Marium Herbipolensen*, lib. III.

Dans une lettre de Maranta à Mattioli, on trouve encore la mention de cet envoi de plantes : « Scito plantas omnes quas a i te Pisis Luca Ghini anno abhinc nono misit, mihi prius ab eo fuisse ostensas, inscriptionesque quas singulis plantis apposuerat non solum vidisse me, sed etiam descripsisse. » *Epist.*, lib. IV.

On sait que les Commentaires de Matthiole sur la Matière médicale de Dioscoride eurent un grand succès, ce que prouvent d'ailleurs les nombreuses éditions qui en furent faites en italien (1544, 1547, 1548, 1549, 1552), et en latin (1554, 1558, 1560, 1565, 1569, 1596, 1598, 1674), ainsi que les traductions en français et en allemand.

(2) Non negaverim plures me dedisse plantarum imagines quae è siccis plantis ad me transmissis delineari curaverim : sed affirmaverim, quod aquae gelidae maceratione contractas è siccitate rugas adeo in iis extenderim, ut hac ratione redivivae et parum admodum à viridibus distantes viderentur. Lib. IV.

fruits, des gommes et des résines. Dans une lettre écrite, le 15 septembre 1553, à Aldrovandi, il avoue même qu'il a toujours négligé de former une collection de plantes et qu'il s'est borné à faire dessiner celles qu'il a observées ; il répète le même aveu dans une autre lettre du 19 septembre 1554 (1).

Nous avons quelque motif de croire que Ghini, pas plus que Mattioli, n'a jamais eu d'herbier, et qu'il s'est surtout appliqué à cultiver les plantes et à les faire dessiner. En effet, au livre III de la correspondance de Mattioli nous trouvons une lettre par laquelle Georgius Marius, de Wurzburg, exhorte Mattioli à faire des recherches dans le but de retrouver les dessins de plantes exécutés par les ordres de Ghini ; il lui recommande surtout de demander des renseignements au frère de Ghini, chirurgien à Bologne, ainsi qu'à ses amis Camille et Ulysse, qui certainement connaissent l'artiste chargé par Ghini de composer les dessins. Il promet de faire des recherches de son côté, et il ajoute qu'il serait bien désirable que les descriptions et les dessins fussent retrouvés (2).

Le renseignement le plus ancien touchant les herbiers de plantes comprimées et réunies en volume se trouve dans les *Enarrationes in Dioscoridis libros* du botaniste portugais Jean Rodrigo de Castell Branco, plus connu sous le pseudonyme

---

(1) « Io non ho fatto mai uso di serbar semplici, contentandomi sempre de giardino della Natura e di quello, che ho fatto intagliare hora nel libro.... Ne bisogna che perciò aspettiate da me veruna di queste piante, perchè io no ho mai atteso a conservare piante, anzi come le ho fatte disegnare, le ho lasciate andare tutte di male, perchè non ne faceva stima, avendone conseguito quello, che io ne voleva, nè mai mi sarei all'hora immaginato che mi fossero state richieste da alcuno ; e pur hora me accorgo, che quelli, che mi succedono, fanno quello, che io mai ho fatto, considerando piu avanti. Li ritratti della Colocasia, della Persea, del Siccomoro e del Dracuncolo maggior, se li volete io ve li mandarò volontieri, ma le piante da me non le possete avere altrimenti, perchè non le ho salvate. » *Memorie della vita di Aldrovandi*, par Giov. Fantuzzi, pages 153 et 168.

(2) Lucas Ghinus, vir omni immortalitate dignissimus, quum me superioribus annis medicinam doceret, in eas cogitationes venerat ut depingendis et scribendis plantis deliberaret. Cæterum ita suis artificis picturis delectatus est, ut earum aliquot seorsim pingi voluerit, ea voluntate, ut eas tuo judicio et censurae submitteret. — Vivit adhuc Bononiae ejus frater chirurgus ; vivit doctor Camillus et Ulysses qui illi familiares quotidie fuerunt, quibus, credo, pictor ille notissimus erit, à quibus omnia percontari et interrogare licebit. Neque ego operam et studium prætermitto à studiosis Germanis inquirere siquid ex picturis supersit. Pinxerat idem aliquot elegantiores plantas quae, descriptae quidem à te, sed non expressae simulacris erant. Utinam illius scripta non perpetuo latere possent !

d'Amatus Lusitanus. Ce célèbre naturaliste raconte que, durant son séjour à Ferrare, de 1510 à 1517, il eut occasion d'herboriser avec plusieurs botanistes zélés et très savants, parmi lesquels il cite en particulier un Anglais nommé John Falconer. Celui-ci, pendant les voyages qu'il avait faits en diverses contrées, avait acquis une connaissance des plantes aussi approfondie que qui que soit, et, en outre, il avait formé une collection variée d'un grand nombre d'échantillons admirablement préparés et collés sur des feuilles de papier réunies en volume (1). L'existence de l'herbier de Falconer est encore attestée par Turner, lequel eut l'occasion de l'examiner à Londres (2).

Le témoignage d'Amatus Lusitanus a une très grande importance dans la question de l'histoire des herbiers, attendu que ce botaniste était fort érudit et parfaitement renseigné sur l'état des connaissances phytologiques en Europe, grâce aux voyages qu'il avait faits pendant la plus grande partie de sa vie, non seulement en Portugal et en Espagne, mais encore en France, en Italie, en Hollande, en Allemagne et jusqu'en Turquie. Pendant son long séjour en Italie, il avait été en relation avec les botanistes les plus éminents, et particulièrement à Ferrare avec Brasavola, à Bologne avec Ghini et ses élèves Aldrovandi, Cesalpino et Anguillara, à Sienne avec Mattioli, dont il s'attira l'inimitié par ses critiques. Au surplus, c'est en vain que nous avons cherché un mot, un seul mot, se rapportant à l'art de composer un herbier, dans les *Pandectae* de Matthaeus Silvaticus, dans l'*Hortus sanitatis*, les *Castigationes* d'Hermolaus Barbarus et de Leonicenus, les *Epistolae* de Manardus, et enfin dans les divers écrits de Symphorien Champier, Brunfels, Tragus, Ruel, Fuchs, Gesner, Belon, Matthiole, Brasavola, Dodoens et autres auteurs du XV^e siècle et de la première moitié du XVI^e siècle. Ainsi que nous l'avons expliqué dans un chapitre précédent, le mot *Herbarium* s'appliquait à un

---

(1) Quum Ferrariae mihi contigerit herbatum ire cum nonnullis viris doctissimis et rerum naturalium diligentissimis inquisitoribus, inter quos mihi nominandi veniunt Joannes Falconerius anglus, vir mea sententia cum quovis doctissimo herbario conferendus, et qui pro dignoscendis herbis varias orbis partes perlustraverat, quarum plures et varias, miro artificio, codici cuidam consitas ac agglutinatas afferebat. Alter vero, Gabriel Mutinensis... *Enarrat.* lib. III, cap. 78.

(2) Voyez *Historical and biographical Sketches of the progress of Botany in England* by Pulteney, t. I, p. 56. London, 1790.

traité de botanique accompagné de figures, et, plus rarement,
à un droguier, tel que celui que prépara Brasavola à son jardin
botanique du Belvédère, près de Ferrare. Il n'est pas inutile de
constater que les expressions de *Hortus hiemalis*, *Hortus siccus* par lesquels on désigna au XVII⁰ siècle ce que nous ap-
pelons aujourd'hui un herbier, apparaissent pour la première
fois dans un ouvrage publié en 1606 à Padoue par Adrien Spi-
gel sous le titre de « *Isagoge in rem herbariam* ». Voici ce
que dit cet auteur : « Comme toutes les plantes sont mortes en
hiver, il ne reste alors d'autre ressource que de botaniser dans
les jardins d'hiver (*horti hiemales*), c'est-à-dire dans les livres
composés d'un assemblage de plantes sèches collées sur des
feuilles de papier. » L'expression de *hortus hiemalis* fut peu
employée et ne tarda pas à être remplacée par celle de *hortus
siccus*, et quelquefois par celle d'*Herbarium*, dont Tournefort,
en 1700, a donné la définition suivante : « *Herbarium sive
hortum siccum appellant collectionem plantarum exsicca-
tarum quae in codicibus vel capsis asservantur, ut quavis
anni tempestate inspici possint.* » Institutiones rei herbariae I, 671.

Lorsque Meyer, cherchant partout une lanterne à la main
l'inventeur de l'art des herbiers, est arrivé à la page des *Enarrationes* d'Amatus citée plus haut, comment ne s'est-il pas
écrié, comme autrefois Archimède : *Eurèca, eurèca !* Enfin, je
l'ai trouvé cet inventeur dont on me demande le nom : c'est
Falconer. — Non, a-t-il dit, ce n'est pas Falconer, c'est Ghini.
La Botanique était trop arriérée à cette époque pour qu'un
Anglais ait pu découvrir l'art de composer un herbier.

S'il est permis de comparer les petites choses aux grandes,
nous demanderons ce qu'on penserait d'un critique qui, raison-
nant comme Meyer, oserait soutenir que l'Anglais Shakespeare
n'a pas pu composer les chefs-d'œuvre qui s'appellent *Roméo et
Juliette*, le *Roi Lear*, *Macbeth*, *Hamlet*, *Othello*, *Henri IV*,
parce que l'art théâtral était alors dans l'enfance en Angleterre.
Au surplus, et en admettant pour un instant qu'il faille une
gouttelette de génie pour inventer le procédé de dessiccation des
plantes par compression entre des feuilles de papier, Falconer
était aussi capable qu'aucun de ses contemporains d'imaginer
ce procédé, puisque, suivant Amatus Lusitanus, c'était un botaniste très habile et ne le cédant à aucun autre sous le rapport
du savoir (*cum quovis doctissimo herbario conferendus*).

Meyer croit que, pendant son séjour à Bologne, Falconer aura eu connaissance du procédé employé par Ghini pour la préparation des plantes sèches et comprimées. Nous, au contraire, d'après les motifs précédemment exposés, nous pensons, avec MM. Camus et Penzig, que la priorité appartient incontestablement à Falconer, tout Anglais qu'il est.

MM. Camus et Penzig, persuadés comme l'était Meyer, que l'invention de l'art des herbiers ne peut être attribuée, d'après les documents historiques connus, qu'à Ghini ou à Falconer, ont accordé sans hésitation la priorité à Falconer, quoique Anglais. L'alternative dans laquelle se sont enfermés nos savants critiques nous paraît ressembler à ces dilemmes incomplets entre les cornes desquels il est facile de passer, comme disent les logiciens. En effet, d'une part Ghini, de même que Mattioli et plusieurs autres botanistes de la même époque, n'a jamais composé un herbier et s'est borné à faire dessiner les plantes, ainsi qu'il résulte des lettres citées plus haut (V. pages 16 et 17) : il n'a donc pas le moindre droit au titre d'inventeur de l'art de conserver les plantes sèches. D'autre part, il est impossible de prouver qu'aucun des contemporains et prédécesseurs de Falconer n'a eu l'idée, si simple et si facile à réaliser, de réunir en volumes des collections de plantes comprimées. Nous osons même dire que, longtemps avant Falconer, plusieurs médecins et pharmacopoles ont dû intercaler entre les feuillets de quelque gros in-folio les plantes qui étaient l'objet de leurs études. Cette supposition acquiert un haut degré de vraisemblance pour quiconque sait quelle place considérable occupaient les végétaux dans la Matière médicale jusqu'à la fin du XVII° siècle. Comment d'ailleurs pourrait-on admettre un seul instant que les hommes adonnés aux études phytologiques aient besoin d'un Messie pour leur révéler le procédé de conservation que pratiquent tous les jours les enfants lorsque, au retour de l'école, ils font de petits herbiers en insérant des fleurettes entre les feuillets de leurs livres classiques. La découverte du moyen de conserver les plantes sèches exige un si faible effort d'esprit que nous n'hésitons pas à faire à la question posée en tête de ce chapitre « Quel est l'inventeur de l'art des herbiers ? » cette simple réponse : Ce n'est personne en particulier, c'est tout le monde. Aussi, voulant dès le début donner à nos lecteurs un pressentiment de la conclusion que nous devions adopter, sans l'énoncer d'une manière trop explicite, ce qui aurait affaibli l'intérêt de notre argumentation, nous avons dit sous une forme allégorique : Le premier des herbiers fut fait par les mains de la belle Chloris.

Indépendamment de la considération générale que nous venons de présenter, nous avons un autre motif pour refuser d'admettre la généalogie d'après laquelle Falconer aurait fait connaître son procédé à Ghini, professeur de botanique à Pise, celui-ci à ses élèves Aldrovandi, Cesalpino et Anguillara, lesquels auraient propagé la bonne nouvelle à Bologne, à Pise et à Rome, à Padoue et à Ferrare, d'où elle se serait peu à peu répandue dans le reste du monde. Pendant qu'Aldrovandi et Cesalpino préparaient des collections de plantes, un jeune élève en chirurgie, nommé Jean Girault (et non *Gréault*, comme on l'a appelé jusqu'à ce jour), faisait à Lyon un herbier de plantes sèches qui se trouve actuellement au Muséum d'histoire naturelle de Paris. Cet herbier porte la date de 1558, écrite de la main de Girault ; l'herbier de Cesalpino porte celle de 1563, indiquée dans la dédicace qu'adressa l'illustre naturaliste d'Arezzo au grand-duc de Toscane et à l'évêque Alfonso Tornabuoni, à chacun desquels il offrit un *libro di piante agglutinate*. Jusqu'à présent la date du commencement des récoltes d'Aldrovandi était restée indécise. Nous expliquerons plus loin comment il est possible de la déterminer d'une manière exacte. Pour le moment, nous nous bornons à dire qu'elle est peu éloignée de celle qui est écrite dans la suscription mise par le jeune élève en chirurgie de Lyon à la première page de son herbier. Nous croyons avoir le droit de dire que probablement Girault n'était point le seul parmi ses condisciples à faire des collections de plantes d'après les conseils de son maître Jacques Daléchamps, et surtout d'affirmer que si le procédé de conservation des plantes avait été récemment découvert, Daléchamps n'aurait pas manqué de le décrire dans l'*Historia plantarum* publiée après sa mort par les soins de son élève Jean Desmoulins.

Pareille omission n'est pas moins surprenante dans le traité *de Plantis* que fit imprimer à Florence, en 1583, l'illustre Cesalpino, ainsi que dans la dédicace adressée au grand-duc de Toscane et à Tornabuoni, à l'occasion du présent qu'il fit à ces deux éminents personnages de ses *plantae libro agglutinatae*.

Mais voici un argument encore plus décisif : Aldrovandi, le

naturaliste le plus prolixe de tous ceux qui ont jamais écrit, garde le silence le plus complet sur cette invention, soit dans les quatorze volumes in-folio de ses œuvres imprimées, soit dans les nombreux manuscrits qui restent encore. Dans son testament, il recommande au Sénat de Bologne de veiller à la conservation de son musée, de sa bibliothèque, de ses manuscrits, de ses dix-huit volumes de dessins et enfin de ses *libri di piante agglutinate che sono quindici e un altro di non agglutinate*, et il n'ajoute pas que ces seize volumes de plantes auront dans l'avenir un prix inestimable, parce qu'ils sont, après l'herbier de Falconer, la plus ancienne application de l'ingénieux procédé de conservation des Simples. Quoi ! Aldrovandi aurait oublié de parler d'une invention à laquelle son nom devait rester attaché, lui qui, suivant Buffon, a dit tant de choses superflues, lui qui avait au suprême degré le défaut des anciens naturalistes si enclins à « grossir à dessein leurs ouvrages d'une quantité d'érudition inutile, en sorte que le sujet qu'ils traitent est noyé dans une profusion de matières étrangères sur lesquelles ils raisonnent avec une telle complaisance qu'ils semblent avoir oublié leurs propres observations pour raconter ce qu'ont dit les autres ».

Dans la lettre à Aldrovandi, citée précédemment (V. page 17), Mattioli avoue qu'il a négligé de conserver les plantes demandées par son ami, et qu'il s'est contenté de les faire dessiner. Il recommande à ses successeurs de pas imiter son exemple.

Enfin, dans un passage des *Enarrationes in Dioscoridis libros*, cité précédemment (page 18), on a vu qu'Amatus Lusitanus parle avec admiration de l'habileté avec laquelle John Falconer avait arrangé les plantes cueillies par lui durant ses voyages, mais il se garde bien d'ajouter que la collection de plantes sèches du botaniste anglais était « une chose inouïe » et inusitée jusqu'alors (1). La seule conclusion à tirer des paroles du botaniste portugais et des aveux de Matthiole, c'est que l'usage des herbiers était loin d'être aussi répandu au XVI siècle, et à plus forte raison au XV° siècle, qu'il l'est actuellement. L'in-

---

(1) Invece nessuno ne fa parola, nemmeno l'Aldrovandi, che ebbe agio di visitare le carte do Ghini, mentre vediamo la raccolta di Falconer provocare l'ammirazione di Amato Lusitano, come cosa inaudita al suo tempo. — *Illustrazione del ducale erbario estense* p. 11 da J. Camus ed O. Penzig, 1885, Modena.

térêt de l'étude, qui est l'objet du présent travail, consiste précisément à suivre le progrès de l'institution des herbiers autant du moins que le permettent les documents historiques, depuis le temps où elle se manifeste par les collections de Falconer, d'Aldrovandi, de Girault, de Cesalpino, de Rauwolf et de C. Bauhin jusqu'à l'époque où elle se généralise au point que l'auteur de la *Philosophie botanique* peut dire sans rencontrer de contradicteur : *omni botanico herbarium necessarium*. Au delà de cette époque, l'histoire des herbiers ne mérite plus qu'on s'en occupe, parce que les collections de plantes sèches, de même que celles des plantes vivantes qu'on cultive dans les jardins botaniques, sont devenues une institution générale chez tous les peuples civilisés et un moyen d'instruction, dont l'utilité est universellement reconnue, au même titre que les collections de minéraux, de roches, d'animaux morts et vivants, qu'on expose aux regards du public dans les Musées et les Ménageries, tout comme les collections de livres dans les Bibliothèques.

## V

## Période préhistorique des herbiers.

Il a été établi dans le chapitre précédent que la période historique de l'art des herbiers s'étend depuis l'année à laquelle fut commencée la première collection connue, jusqu'à l'époque où l'usage des herbiers est devenu à peu près général parmi les botanistes, c'est-à-dire de 1515 à 1650, soit pendant un siècle environ. Mais comme, dans leurs écrits, les botanistes de la seconde moitié du XVI° siècle n'ont pas fait la moindre allusion à la découverte récente d'un procédé de conservation des plantes, nous avons conclu que ce procédé, dont l'invention aurait pu être faite par une jeune fille ou même par un enfant, avait été déjà employé avant Falconer, Aldrovandi, Girault et Césalpin. Toutefois les collections de plantes sèches composées avant celle de Falconer n'ont jamais été signalées dans aucun document et appartiennent à une période que nous appellerons *préhistorique*. Au premier abord, et puisqu'il ne reste pas de monument de cette période, ni même de renseignement à son égard, il semble que tout est dit lorsqu'on a prouvé au moyen de raisonnements plausibles que l'art de faire des herbiers n'a pas été subitement révélé vers le milieu du XVI⁰ siècle. Cependant, malgré le silence des historiens, il nous a paru possible de déterminer à un demi-siècle près l'époque à laquelle on a commencé à former des collections de plantes sèches, suivant le procédé en usage actuellement. Une telle approximation serait considérée comme la perfection idéale par les savants qui, avec plus de zèle que de succès, essaient de calculer à quelques milliers de siècles près l'âge des dépôts au milieu desquels ont été trouvés les plus anciens débris de l'homme préhistorique ou les objets dont se sont servis nos premiers ancêtres. Nous nous empressons d'ajouter que leur entreprise est bien autrement difficile que la nôtre, parce que l'examen des phénomènes actuels ne donne pas la mesure exacte de la durée de formation des anciens sédiments et du degré d'énergie des causes de transport aux époques très éloignées de nous.

La solution du problème chronologique que nous nous sommes proposé nous a paru dépendre de la réponse qu'il convient de faire à la question suivante :

Pourquoi les botanistes de l'antiquité, qui ont su créer des jardins botaniques, dessiner et peindre les plantes, réunir dans leur droguiers, ainsi que dans les officines des *phytopolai* et *herbarii*, des collections d'écorces, de racines, de feuilles, de résines, de gommes et de divers autres produits végétaux, n'ont-ils jamais eu l'idée si simple de faire des herbiers d'étude, tels que ceux que nous préparons actuellement en fixant des plantes sur des feuilles de papier après les avoir comprimées jusqu'à dessiccation complète entre des matelas de papier? Par Minerve! si Socrate pouvait nous entendre, il dirait sans doute que nous avons singulièrement exagéré sa méthode d'interrogation en mettant dans la question elle-même le mot de la réponse. En effet, il est évident que si le papier est le support indispensable d'une collection de plantes sèches, les anciens botanistes grecs, romains, arabes, et même ceux du Moyen-Age ne pouvaient pas faire des herbiers.

A la rigueur, les anciens auraient pu coudre sur des morceaux d'étoffe des plantes préalablement comprimées et desséchées et composer ainsi des volumes de format in-folio ou grand in-quarto ; ils ne l'ont pas fait à cause de la flexibilité et de l'excessive mollesse des tissus de lin, de chanvre, de coton et de soie.

Assurément, un chimiste ne serait pas embarrassé aujourd'hui pour donner à une étoffe la rigidité qui lui manque, en la badigeonnant avec une solution d'un silicate alcalin ou de toute autre matière solidifiante. Pas n'est besoin d'ajouter que ces sortes d'enduits étaient inusités autrefois.

Avant l'invention du papyrus, les Egyptiens et les peuples du Latium écrivaient sur des toiles. Il est en effet facile de donner à celles-ci un apprêt qui les rende propres à recevoir l'écriture ; aussi ne parvenons-nous pas à comprendre pourquoi le papyrus, dont la valeur vénale était très élevée relativement à celle de la toile, a été généralement préféré. Si nous parlons ici du papyrus, c'est parce que cette matière ayant tenu chez les anciens la place qu'occupe le papier chez les modernes, il importe de faire comprendre que le papyrus, en raison de sa flexibilité et de sa cherté, ne pouvait pas servir de support à une collection de plantes sèches. Il ne sera donc pas superflu de rappeler le procédé de préparation de ce produit qui, suivant nous, a eu pendant tant de siècles une importance imméritée.

Le papyrus était composé d'une multitude de lamelles minces, détachées de la tige du *Cyperus papyrus* d'Egypte, qu'on juxtaposait et qu'on collait les unes aux autres au moyen du limon du Nil. Au-dessus de cette première couche, on appliquait une seconde rangée de lamelles posées en travers des premières et agglutinées de la même façon. Après avoir égalisé la surface par le martelage et l'avoir polie à l'aide d'une pierre ponce, on réunissait bout à bout plusieurs feuilles ayant chacune un demi-mètre environ de largeur et on formait des pièces de deux mètres et plus de longueur qui étaient conservées en rouleaux ou volumes *(volvere)*, à la manière d'une étoffe. Pour écrire, on traçait des caractères sur ces feuilles ainsi préparées au moyen d'un stylet d'os ou de métal plongé, au moment de l'usage, dans une encre composée de noir de fumée délayé dans une eau gommeuse. La longue manipulation que nous venons de décrire brièvement explique déjà pourquoi le papyrus était cher. En outre, quiconque a vu dans un jardin botanique le *Cyperus papyrus* s'est facilement rendu compte de la petite quantité de lamelles qu'on peut tirer de chaque tige, dont la hauteur varie de 0,35 à 0,60 centimètres, et dont le diamètre est d'environ 0,03 centimètres. Enfin nous ne devons pas omettre d'ajouter que les rois d'Egypte s'étaient réservé le monopole de la vente du papyrus et que, n'ayant pas à rivaliser avec des concurrents, ils fixaient à leur gré le prix des volumes. Il arriva même une fois que la récolte du *Cyperus* ayant manqué, ils interdirent l'exportation du papyrus. Cette mesure prohibitive causa dans tout le monde civilisé un émoi facile à comprendre, si l'on songe à la perturbation que produirait dans les habitudes des peuples modernes la destruction simultanée par le feu du ciel de toutes les fabriques et de tous les magasins de papier.

La disette de papyrus eut cependant deux heureuses conséquences : premièrement, on fut contraint de revenir à l'usage de la toile qu'on n'aurait jamais dû abandonner, et en second lieu le papier de peau fut inventé à Pergame (1).

Le papyrus, avons-nous dit, ne pouvait pas, à cause de sa flexibilité et de sa cherté, être employé comme support d'une collection de plantes sèches, mais le parchemin avait la rigidité requise pour cet usage. Malheureusement, il avait comme le papyrus, à un moindre degré il est vrai, le défaut d'être trop cher. On va du reste en juger par le simple énoncé des nombreuses opérations nécessaires pour le préparer.

En premier lieu, il fallait faire subir aux peaux de mouton et de chèvre toutes les opérations comprises sous la dénomination de chamoisage : ébourrer les peaux, c'est-à-dire enlever le poil, laver à l'eau courante, baigner dans l'eau de chaux, effleurer l'épiderme, laver de nouveau à l'eau courante, huiler, fouler et sécher à plusieurs reprises, chauffer à l'étuve, dégraisser et sécher.

Alors commençaient les manipulations du parcheminage, bien autrement délicates que celles du chamoisage. Aussi avant d'être admis dans la corporation des parcheminiers, fallait-il avoir fait un apprentissage de quatre ans, puis avoir travaillé pendant trois ans en qualité de compagnon, sous la direction d'un maître, et enfin avoir produit un chef-d'œuvre. Il va sans dire que le travail des parcheminiers était un des plus rémunérés. La peau destinée à être convertie en parchemin, et qui était sortie encore grossière des mains du chamoiseur, était d'abord

---

(1) Il est très curieux de noter quel chemin a fait, sous la main des copistes, la *pergamena* (*charta* sous entendu), pour arriver à notre mot parchemin en passant successivement par les étapes de *pergamina*, *pargamina*, *parchamina*, *parchemina*, d'où parchemin.

ramollie à l'eau chaude, puis tondue et séchée. Après quoi, elle était étendue sur un châssis, écharnée au ciseau, lissée avec le plus grand soin par le ponçage et ratissée de manière que son épaisseur fût parfaitement égale. Il ne restait plus qu'à lui donner un apprêt convenable en l'enduisant uniformément d'empois d'amidon.

Par suite de l'état misérable où se trouvaient les agriculteurs adonnés à l'élevage du bétail et les manufacturiers durant la longue période de guerres continuelles, de famines, de pestes et de calamités de toutes sortes, qui commença à la chute de l'Empire romain, la fabrication du parchemin fut peu développée. A la rareté de la production se joignit une autre cause de cherté, nous voulons dire celle qui provenait de la jalousie intéressée des membres de la corporation des parcheminiers, lesquels étaient parvenus à se faire octroyer des privilèges exorbitants. De ce concours de circonstances, il résulta qu'une multitude de copistes ignorants n'hésitèrent pas à laver à l'eau de chaux et à gratter les manuscrits des écrivains les plus illustres de l'antiquité pour se procurer du parchemin. Ils détruisirent ainsi plus de chefs-d'œuvre que les soldats de César et que les Arabes lorsqu'ils incendièrent la bibliothèque d'Alexandrie. Il est certain que les écrits d'un grand nombre d'auteurs cités par Pline, Quintilien, Plutarque, Athénée et par d'autres érudits, ont entièrement disparu, et qu'une partie des œuvres de Cicéron, de Tite-Live, de Varron, de Salluste, de Tacite et de Polybe ont été anéanties. Tous les bibliophiles savent qu'on est parvenu à retrouver sous les caractères de certaines bibles palimpsestes quelques fragments de plusieurs écrivains grecs et romains.

Bien que sommaires, les explications que nous venons de donner, touchant la fabrication du papyrus et du parchemin, sont suffisantes pour faire comprendre que la cherté de ces deux produits était un obstacle à leur emploi comme support d'herbier. Nous étions d'ailleurs tenu de fournir la preuve historique de leur cherté, afin qu'on ne nous accuse pas d'avoir émis une assertion fantaisiste lorsque nous avons dit plus haut que les anciens botanistes ne pouvaient pas préparer des collections de plantes sèches parce qu'ils ne connaissaient pas le papier ; le papier ! admirable chef-d'œuvre que le génie humain a su produire au moyen de ces vils chiffons qu'on jette aux immondices, sans lequel l'imprimerie, autre invention féconde en résultats de toute sorte, n'aurait pu se manifester d'une manière pratique; le papier enfin, qui se prête à tant d'emplois divers, depuis le livre et le journal jusqu'au billet de banque et au paquetage des marchandises.

L'inventeur du papier est inconnu. Il importe d'ailleurs de remarquer que si l'art de préparer une collection de plantes sèches peut être imaginé par le premier venu, il n'en est pas de même de celui de la fabrication du papier, qui se compose d'opérations nombreuses et compliquées. En outre, le hasard, cet auxiliaire de la plupart des inventeurs, n'a été d'aucun secours en cette affaire, car la Nature ne nous offre nulle part de la pâte de chiffons toute mâchée.

Dès le premier siècle de l'ère chrétienne, plus de cent ans avant l'invention de la *charta pergamena*, les Chinois, qu'on appelait déjà en ce temps des barbares « négligeables », savaient fabriquer du papier avec les feuilles de mûrier, les tiges de riz, de lin et de chanvre, la soie (*charta bombycina*) et le coton (*charta colonea*). Les Persans et les Arabes eurent connaissance des procédés de fabrication des papiers chinois, mais ce fut seulement au XII<sup>e</sup> siècle qu'on établit en Europe des fabriques de papier de chiffon. Toutefois, la consommation resta assez restreinte pendant longtemps, parce que, toutes les opérations se faisant à la main, le prix du papier était assez élevé. L'invention de l'imprimerie ayant augmenté d'une manière considérable l'importance commerciale de ce produit, les fabricants de papier s'ingénièrent à diminuer les frais de main-d'œuvre et contribuèrent pour une grande part à l'essor extraordinaire que prit l'art de Gutenberg à partir de l'an 1500. Comme preuve du bas prix des livres pendant la première moitié du XVI<sup>e</sup> siècle, nous rappelons que, d'après un inventaire de 1523, chaque exemplaire de l'édition classique des *Commentaires de César* se vendait 0,30 centimes et les autres ouvrages selon la même proportion. Jusqu'à l'année 1500, on a imprimé 13,000 ouvrages formant un total de trois millions et demi de volumes environ. Le nombre s'accrut suivant une progression considérable pendant la première moitié du XVI<sup>e</sup> siècle, de sorte que déjà en 1523 les botanistes pouvaient, sans encourir le reproche de prodigalité excessive, insérer des plantes entre les feuillets des livres, et, à plus forte raison, en appliquer sur des feuilles de papier blanc, comme nous le faisons actuellement. Nous ne croyons pas nous tromper en disant que le livre imprimé a inspiré aux botanistes l'idée de composer des livres de plantes sèches, et que, par conséquent, l'origine des herbiers est liée à celle de l'imprimerie, laquelle était elle-même étroitement unie aux progrès de l'industrie du papier. Notre conception de l'origine des livres de plantes sèches est bien l'expression exacte du processus ordinaire de l'esprit humain, lequel dans toutes les choses qui ne dépendent pas du hasard des événements, suit un ordre logique, de telle manière que presque jamais une invention ne se produit de prime-saut, mais qu'elle est, au contraire, la conséquence de la découverte d'un fait antérieur d'où elle découle comme de sa source naturelle. C'est ainsi que l'art des herbiers qui, au premier abord, semble n'avoir aucun rapport avec l'imprimerie et la papeterie, se trouve manifestement uni à ses débuts avec ces deux importantes industries par les liens d'une étroite solidarité.

Le plus ancien livre connu est le fameux psautier imprimé à Mayence en 1457, par Fust et Schaeffer, associés de Gutenberg; mais en réalité les livres ne furent à la portée de la masse du public que lorsque les imprimeries de Mayence, de Venise (1469) de Paris (1470), de Lyon (1472), d'Angers (1477), de Poitiers (1479), de Caen (1480) et plusieurs autres établies les années suivantes eurent répandu leurs produits dans toute l'Europe. C'est pourquoi nous estimons que les premiers herbiers ont dû être composés vers 1480. Les quelques tentatives qu'on a pu faire antérieurement sont probablement si peu nombreuses qu'il n'y a pas lieu d'en tenir compte. Suivant nos conjectures, la période préhistorique des herbiers s'étendrait donc de 1480 à 1545. Au surplus, il est probable que les herbiers de cette période n'avaient qu'une « valeur sentimentale », comme aurait dit Léon Dufour, en ce sens que ceux qui les avaient composés étaient seulement animés du désir de conserver des objets leur rappelant l'agréable souvenir des lieux qu'ils avaient visités, et n'étaient pas mus par l'idée de collectionner des plantes en vue de l'étude de leurs caractères et d'un classement systématique. Quiconque connait la lenteur d'évolution de l'esprit humain admettra sans hésitation qu'un long temps à dû s'écouler avant que les herbiers aient été élevés à la hauteur d'une institution vraiment scientifique, au même titre que les jardins botaniques et que les collections de minéraux, de roches et d'animaux réu-

nies dans les musées pour servir à l'instruction de toutes les
personnes désireuses d'acquérir des notions exactes sur la composition de notre planète et sur la structure des êtres qui l'habi-
tent.

## VI

### Les plus anciens herbiers connus.

#### HERBIER D'ALDROVANDI.

Nous avons hâte d'arriver sur le terrain solide de la réalité
historique et de quitter le champ vague de l'hypothèse où l'esprit ne peut atteindre que la vraisemblance. On sait que le plus
ancien herbier connu est celui qu'avait formé durant ses longs
voyages un savant botaniste anglais, John Falconer, qui malheureusement n'a laissé aucun écrit, et dont la précieuse collection a été perdue. Nous avons déjà dit que cette collection excita
l'admiration des botanistes italiens qui la virent à Ferrare en
1545, et de Turner qui l'examina attentivement à Londres, lorsque Falconer fut de retour dans sa patrie. Il est loin de notre
pensée d'égaler l'invention des herbiers, si profitable qu'elle ait
été à l'étude des plantes, à l'admirable découverte de Gutenberg, qui a tant contribué aux progrès de toutes les connaissances humaines; néanmoins, cette réserve une fois exprimée, nous
croyons pouvoir dire que l'herbier de Falconer eût été aussi
intéressant au point de vue de l'histoire de la Botanique que la
Bible de Gutenberg pour l'histoire de l'Imprimerie. Aussi est-
il profondément regrettable que quelque collectionneur anglais
n'ait pas eu la pensée de sauver cette vénérable relique.

Avant d'avoir étudié d'une manière approfondie l'histoire des
herbiers, nous avions admis, avec M. Caruel 1), que l'herbier
de l'élève en chirurgie de Lyon, Jean Girault (appelé à tort jusqu'à ce jour Gréault), est le plus ancien de ceux qui ont été
conservés. En effet, comme nous le dirons plus loin, l'herbier de
Girault porte la date de 1558, écrite de la main de l'auteur lui-
même, tandis que celui de Césalpin porte la date de 1563.
L'herbier d'Aldrovandi ne contenant aucune indication chrono-

---

(1) *Illustratio in hortum siccum A. Cæsalpini* p. IX.

logique, M. Caruel supposait qu'il avait dû être fait en même temps que celui de Césalpin, contemporain et condisciple d'Aldrovandi.

Après examen attentif de la lettre de Matthiole citée plus haut, nous nous rangeons à l'avis de MM. Camus et Penzig, qui ont conclu des termes de cette lettre que déjà en 1554 Aldrovandi conservait les plantes qu'il avait cueillies (1).

Dans la même lettre de Matthiole, nous avons trouvé un passage bien plus décisif encore que celui qui a été cité par MM. Camus et Penzig : « Aujourd'hui, 19 septembre 1554, au retour d'un voyage en Carniole, je trouve votre lettre datée du 20 août, et un paquet de plantes que je n'ai pas encore eu le loisir de bien examiner, à cause d'affaires urgentes dont j'ai été obligé de m'occuper dès mon arrivée. » Il est évident que le paquet envoyé par Aldrovandi à Matthiole ne se composait pas de plantes fraîches, car celles-ci, arrivées le 20 août 1554 à Goritz, n'auraient pas pu se conserver jusqu'au 19 septembre suivant, c'est-à-dire pendant un mois, sans compter le temps nécessaire pour les envoyer de Bologne à Goritz. Il paraît, d'ailleurs, qu'elles ne couraient aucun risque, puisque Matthiole déclare être trop occupé par des affaires urgentes pour les examiner attentivement, et en renvoie l'étude à une époque ultérieure. Par conséquent, nous sommes en droit de conclure que les plantes envoyées par Aldrovandi avaient été comprimées et desséchées. Il est probable qu'elles avaient été récoltées dans les montagnes du Véronais et du Trentin, car, dans une précédente lettre, Matthiole écrivait à son ami : « Je suis heureux d'apprendre que vous êtes revenu en bonne santé de votre voyage dans les montagnes, et de savoir que vous en avez rapporté *un magnifico tesoro di Semplici*. Je regrette que vous n'ayez pas prolongé vos pérégrinations jusqu'à Goritz, parce que je vous aurais fait connaître de vive voix mon sentiment au sujet des Simples que vous m'avez envoyés.... J'attends avec grande

---

(1) In conclusione facciamo osservare che da queste parole del Mattioli si deduce un fatto inavvertito finora, cioè che, raccogliendo l'Aldrovandi già piante nel 1554, il suo erbario dovrebbe per conseguenza essere anteriore a quello di Cesalpino (1563) ed anche a quello del medico lionese Greault (1558) riputato il più antico dopo la raccolta del Falconer. — *Illustr. del duc. erbario estense.* p. 12.

Le passage cité par MM. Camus et Penzig se trouve au bas de la page 168 de l'ouvrage de Fantuzzi : *Ne bisogna che percio*, etc. V. plus haut p. 17.

impatience que vous vouliez bien me faire parvenir les plantes cueillies durant votre dernier voyage. Croyez d'ailleurs que j'aurai soin d'indiquer dans mon livre qu'elles me viennent de vous. »

Enfin, nous pouvons citer un passage d'une lettre du 12 juillet 1553, qui fixe d'une manière définitive la date des premières récoltes d'Aldrovandi : « J'ai lu avec un extrême plaisir le très long et très beau (*copiosissimo et bellissimo*) Catalogue des Simples que vous m'avez adressé, et j'accepte votre offre de grand cœur. Pourtant, je ne serai entièrement satisfait que lorsque vous m'aurez donné plus encore que vous ne promettez, et quand j'aurai vu toutes les plantes récoltées par vous. Quel dommage que de nombreuses occupations me retiennent à Goritz ! Dès que je serai plus libre, j'irai à Bologne pour examiner vos Simples. En attendant, si la demande ne vous semble pas trop importune, je vous prie de m'envoyer par la voie de Venise 200 plantes serrées entre des planchettes, afin qu'elles ne se brisent pas pendant le transport... Lorsque vous ferez une nouvelle herborisation, n'oubliez pas de m'informer de ce que vous aurez trouvé d'intéressant ; vous ne sauriez rien faire qui me soit plus agréable. »

Ainsi, il est certain qu'à la date du 12 juillet 1553 Matthiole avait reçu d'Aldrovandi un très long Catalogue de Simples récoltés par celui-ci, et suppliait son ami de lui envoyer à Goritz, où il résidait alors, au moins 200 espèces choisies parmi ses récoltes. L'herbier d'Aldrovandi a donc été commencé cinq ans avant celui de Girault ; il est, dans son genre, le premier des incunables, si l'on veut nous permettre d'employer une expression empruntée à l'histoire de l'imprimerie. Cet herbier n'est pas seulement le plus ancien, il est aussi le plus volumineux de tous ceux qui ont été faits au XVI⁰ siècle. En outre, il a une valeur historique inestimable, parce qu'il a été composé dans le but de concourir, avec une multitude d'autres objets, à l'établissement, dans la ville de Bologne, d'un *Museum rerum naturalium*, destiné à l'instruction publique. Il est impossible de lire le testament d'Aldrovandi sans être profondément touché de l'insistance avec laquelle cet illustre collectionneur recommande au Sénat de Bologne son *caro tesoro* auquel il a consacré toute l'activité de son âme, toutes les forces de son corps, sa fortune entière, pendant cinquante six ans de sa vie, *ad onor di Dio ed utilità de' Studiosi presenti e posteri*. Il supplie le Sénat de conserver précieusement son Jardin botanique, si utile aux étudiants et aux médecins, ses 16 volumes de plantes sèches, ses 18 volumes de dessins de plantes et d'animaux, ses minéraux et les autres objets amassés en quantité considérable dans son Musée pour l'instruction des hommes studieux, toutes choses dont l'ensemble est la représentation (*cose che oculis subjiciuntur*) du théâtre de la Nature décrit dans ses ouvrages (1).

Aldrovandi est, entre tous les savants, celui qui a été le plus mal jugé par les biographes ; tous ont dit à la suite de Buffon : « Le travail d'Aldrovandi pourrait être réduit à la dixième partie si l'on en ôtait toutes les inutilités, toutes les choses étrangères au sujet qui remplissent les quatorze volumes in-folio de ses œuvres imprimées..... Qu'il s'agisse du Coq, du Bœuf ou du Chêne, Aldrovandi raconte tout ce qui a jamais été dit des Coqs, des Bœufs et des Chênes, tout ce que les anciens en ont pensé, tout ce qu'on a imaginé de leur caractère, toutes les choses auxquelles on les a employés, tous les contes qu'on en a fait, tous les miracles qu'on leur a attribués, tous les sujets de superstition qu'ils ont fournis, toutes les comparaisons que les poètes en ont tirées, tous les attributs que certains peuples leur ont accordés, toutes les représentations qu'on en a fait dans les hiéroglyphes et dans les armoiries, enfin toutes les histoires et toutes les fables dont on s'est jamais avisé au sujet des Coqs, des Bœufs et des Chênes. »

---

(1) Considerando le gran fatiche e spese che ho continuamente fatto in cinquantasei anni, e faccio di continuo, dirizzando sempre ogni cosa ad onor di Dio ed utilità de' Studiosi presenti e posteri... Lascio questo mio si caro tesoro e fatiche al Reggimento di Bologna de cinquanta Senatori, tanto immenso, nelle quali. oltre le fatiche dell' animo e della persona, che non si possono pagare. ho speso tutte le mie entrate in tutto il tempo della vita mia in far tanti viaggi in vari paesi. in pagamenti di varie cose venutemi da varie parti d'Europa in libri d'ogni sorte di scienza necessari nelle varie mie composizioni, in pittori. in designatori ed intagliatori mantenuti in casa mia per tanti anni, tre scrittori intelligenti, col salario, e pero volendo che tante mie fatiche seguano dopo la mia morte in onore ed utile della Città.... Desidero, esorto e prego il detto illustrissimo Senato a conservarlo e continuarlo dopo me il Giardino pubblico utile de' Scolari e del Protomedicato tanto necessario..... Voglio che sia eletto un locco atto per il mio Museo e Studio de' libri stampati e quei delle pitture che sono quindici e tre, e delle piante agglutinate che sono sedici. ... Item per maggiore conservazione del suddetto Museo e per piu grande utilità degli Studiosi desidero che sia eletto un Dottore, ch'abbia cura e custodia de' Libri ed ogni minima cosa, ed il medemo possa mostrarlo a desiderosi di vedorlo. *Testamento d'Ulisse Aldrovandi* p. 75, 76, 77, 79, *in Fantuzzi Memorie*.

On n'a pas compris que la partie capitale de l'œuvre d'Aldrovandi, c'est son Musée, c'est son Herbier, son Jardin botanique,
sa Collection de dessins. C'est là qu'il faut chercher la grande
pensée et le véritable titre de gloire de cet homme en qui était
incarné le génie de la collection. Ses écrits ne sont eux-mêmes
qu'une collection de tout ce qu'on savait touchant les minéraux,
les plantes et les animaux. Aldrovandi a été tellement occupé
pendant sa longue carrière à dresser la statistique (1) de ce qui
a été dit sur chaque être vivant et sur chaque production naturelle qu'il n'a pas eu le temps d'ajouter ses propres observations
à celles qu'on avait faites avant lui. On ne lui doit aucune découverte, pas même un système bien ordonné de classification,
mais il a eu le mérite de démontrer à ses contemporains l'utilité
de l'enseignement par les choses elles-mêmes, grande vérité, vulgaire et banale aujourd'hui, mais qui au milieu du XVIe siècle,
après la longue période scholastique, illuminait les sciences
naturelles d'un jour nouveau. Actuellement, il n'est pas de ville
importante qui n'ait, outre sa Bibliothèque, un Musée et un
Jardin botanique. On ne trouverait pas un seul botaniste, adonné
à l'étude des caractères et de la classification des végétaux qui
ne considère son herbier comme un outil indispensable. Ceux
même qui se livrent aux recherches anatomiques et physiologi-
ques sont obligés d'aller quérir dans les Jardins les plantes nécessaires à leurs expériences et à leurs observations. Avant
Aldrovandi, on ne connaissait qu'un homme ayant formé un
herbier dans un but phytographique. Lorsque Aldrovandi créa,
en 1568, le Jardin botanique de Bologne, il n'existait en Europe
que deux Jardins publics : celui de Pise, établi en 1544 par
Ghini, maître d'Aldrovandi et de Cesalpino, et celui de Padoue,
fondé en 1545, par Anguillara, élève de Ghini.

Au commencement du XVIe siècle, il n'existait en Europe
aucun Musée d'histoire naturelle; cependant cette Institution
n'était pas une chose inouïe, puisque Aristote avait établi au
Lycée d'Athènes un Musée et un Jardin qu'il légua à ses disciples. Il est à peine croyable que, dans la capitale de la France,
ce fut seulement en 1793 que, par décret de la Convention, on
annexa des Cabinets de Minéralogie et de Zoologie au Jardin des

_______________

(1) Qu'on nous pardonne d'employer un mot qui, appliqué à un naturaliste
du XVIe siècle, est une sorte d'anachronisme.

plantes, fondé en 1626 par Hérouard et Guy de la Brosse, médecins de Louis XIII, de sorte que, parmi nos contemporains, il y a des hommes qui, comme le grand chimiste Chevreul, par exemple, ont vu, pendant leur enfance, créer le premier Musée d'histoire naturelle de notre pays. Décidément, il est donc bien vrai que rien n'est aussi difficile à inventer que ce qui est simple et facile en apparence. Supposons qu'un naturaliste veuille décrire un éléphant à des personnes n'ayant jamais vu cet animal. Il dira : L'Eléphant est une bête deux fois plus grosse qu'un Bœuf, dont le corps est porté sur quatre jambes énormes ; sa peau est rugueuse et épaisse, c'est un pachyderme ; son nez s'allonge en un appendice ou trompe creuse dont il se sert pour prendre les aliments, c'est un proboscidien ; sa bouche est armée de quatre dents molaires et en outre de deux incisives longues, éburnées et arquées. Nous défions qui que ce soit d'avoir, après cette description, l'idée nette d'un Eléphant. Aussi, que fait le professeur? Il montre à ses élèves un dessin colorié représentant le plus gros des Pachydermes. Mieux encore, il les conduit dans un Musée ou dans une Ménagerie, et désormais l'image de l'intelligent Proboscidien ne s'effacera jamais du souvenir de quiconque aura vu l'animal lui-même. Telle est pourtant l'idée simple et sublime qu'Aristote a conçue et réalisée et qu'Aldrovandi a reprise pendant que ses contemporains se livraient aux subtilités de la philosophie scholastique. Les historiens ont souvent fait preuve d'une injustice révoltante : ils ont chanté sur tous les tons la louange de Bacon parce que, en 1620, il a proclamé dans son *Novum Organon* l'excellence de l'observation, de l'expérience et des procédés inductifs. Ils ont oublié que Galilée, Aldrovandi et toute la pléiade des physiciens et des naturalistes du XVI<sup>e</sup> siècle avaient prêché d'exemple. Qu'étaient, en effet, le Jardin botanique, l'Herbier, les Dessins de plantes et d'animaux? Qu'était le Musée d'Aldrovandi, sinon une collection d'êtres et d'objets destinés à l'étude? Etait-ce matière à syllogisme? Combien nous préférons aux déclamations emphatiques, violentes et haineuses du trop fameux Chancelier qui s'est borné à donner des préceptes, déjà savamment formulés par Aristote, les féconds enseignements de Galilée, le créateur de la Physique expérimentale, et ceux de l'illustre collectionneur de Bologne auquel nous sommes redevables, sinon de la découverte, du moins de la propagation d'un des plus puissants moyens d'étude dans les sciences naturelles.

On a si peu compris le caractère propre du génie d'Aldrovandi qu'on s'est borné à faire imprimer treize volumes de sa Zoologie et un volume de sa Dendrologie. Ses autres ouvrages, dont l'énumération occupe 33 pages dans les *Memorie* de Fantuzzi, sont restés inédits. On a oublié de décrire son Herbier, ses Dessins et son Musée, c'est-à-dire la partie importante et vraiment originale de son œuvre, alors qu'il aurait suffi d'accompagner de quelques commentaires les nombreuses notes rédigées par Aldrovandi lui-même (1).

Nous espérons que plusieurs naturalistes italiens s'associeront pour décrire la collection Aldrovandienne et surtout l'Herbier qui intéresse l'histoire de la Botanique, d'abord parce qu'il est le plus ancien monument de l'art de conserver les plantes sèches, et ensuite parce qu'il offrira le tableau presque complet des espèces végétales connues au XVI° siècle et des dénominations qui leur étaient données. A tous les points de vue un tel travail fera honneur à celui qui l'accomplira et sera, en outre, un juste et tardif hommage rendu au collectionneur infatigable qui, par son zèle désintéressé pour la science, a obtenu à bon droit l'admiration de ses contemporains et mérite d'occuper une place éminente dans le catalogue des naturalistes dignes de mémoire.

---

(1) Aldrovandi a en effet dressé la liste détaillée des objets qui composent ses collections, comme on le verra par l'énumération suivante :

*Icones avium* — *Index alphabeticus vii tomorum animalium pictorum.* — *Index animalium et fossilium.* — *Adnotationes de Serpentibus et Piscibus.* — *Adnotationes animalium maritimorum, nempe crustaceorum, testaceorum, mollium et exsanguium.* — *Adnotationes Insectorum.* — *Syntaxis fossilium, plantarum et animalium.* — *Icones variorum.* — *Index plantarum.* — *De radicibus Catalogus.* — *Elenchus plantarum omnium quae in Studiosorum Horto publico terrae gremio fuere commissa ab anno 1568 quo primum constructus usque ad 1582.* — *Index rerum naturalium Musaei sui.*

Des ouvrages phytologiques d'Aldrovandi, nous ne connaissons que la *Dendrologia* publiée par les soins d'Ovidio Montalbano. Leur intérêt est notablement diminué aujourd'hui après les progrès accomplis dans le domaine de la botanique. Toutefois, il est surprenant que le Sénat de Bologne n'ait pas autrefois ordonné l'impression des écrits dont les titres suivent :

*Scholia in Theophrasti Historiam.* — *Methodus in Theophrastum de Causis plantarum.* — *Observationes in codicem graecum Theophrasti.* — *Historia plantarum ex Theophrasto ordine alphabetico tradita.* — *Theophrastus de Historia atque Causis plantarum.* — *Methodus cognoscendi plantas.* — *De differentiis plantarum.* — *Methodus de partibus plantarum.* — *Plantarum in universum differentiae.* — *Miscellanea de plantis.* — *Judicium animalium de plantis.* — *Adnotationes in Fuchsium.* — *De Onobrychide.* — *De Abrotono.* — *De Alburno.* — *De Lycophano.* — *De Galega.* — *Discorso sopra diverse piante.* — *De Baaras Herba.* — *Asparagi historia.* — *Del Farro Frumento.* — *Descriptio et historia Tabaci.*

Nous attendons avec impatience le volume des Mémoires de l'Académie des sciences de Bologne qui contiendra l'*Illustrazione dell'Erbario di Ulisse Aldrovandi*. Le botaniste italien qui se dévouera à cette tâche patriotique n'aura pas seulement produit une œuvre utile à la connaissance de l'histoire de notre science, il aura encore fait une belle et bonne action.

Au vœu que nous venons d'exprimer nous ajoutons un conseil qui s'adresse aux architectes chargés de construire les édifices destinés à recevoir les collections d'histoire naturelle. On a coutume de placer dans les salles des Musées les bustes des savants qui ont fait progresser la science et particulièrement ceux de Buffon, de Tournefort, de Linné, de Lamarck et de Cuvier. Cela ne suffit pas : il est juste de mettre à l'entrée, d'un côté, la statue d'Aristote, créateur du premier Musée d'histoire naturelle et, d'un autre côté, la statue d'Aldrovandi, qui, après de longs siècles de barbarie a été le restaurateur de cette utile Institution. Enfin, aux auteurs désireux d'orner le frontispice des collections de dessins d'animaux et de plantes ou même celui de leur herbier de plantes sèches nous recommandons le portrait d'Aldrovandi. Il nous paraît bon de conserver ainsi le souvenir des hommes dont la vie entière a été consacrée à la recherche de la vérité et qui ont su trouver les meilleurs moyens de la faire connaître. L'hommage rendu aux morts illustres n'est-il pas aussi pour les vivants un encouragement à bien faire ?

Puisque nous avons été conduit par le sujet que nous traitons, c'est-à-dire par l'histoire des collections de plantes, à réhabiliter la mémoire d'Aldrovandi au regard de nos contemporains trop portés à s'enorgueillir de leurs conquêtes et à oublier les services rendus par leurs prédécesseurs, nous croyons qu'il ne sera pas inutile de présenter une courte biographie de l'homme qui, depuis l'époque de la Renaissance, a le plus contribué à élever les Musées d'histoire naturelle à la hauteur d'une institution d'utilité publique.

Ulysse Aldrovandi est né à Bologne le 11 septembre 1522. Dès son enfance, il se fit remarquer par la vivacité de son esprit. Il n'avait que six ans lorsqu'il perdit son père, chancelier-secrétaire du sénat de Bologne. A l'âge de douze ans, il fut mis en apprentissage chez un riche négociant de Brescia, mais bientôt Ulysse (c'est ainsi que l'appelle le plus souvent son biographe Fantuzzi), dégoûté du commerce, revient à Bologne et, accom-

pagné d'un domestique, va à Rome, puis à N.-D. de Lorette et
de là reprend le chemin de Bologne. Il était sur le point de rentrer dans sa ville natale, lorsque à Castel San-Pietro il rencon-
tre un Sicilien qui se rendait en pélerinage à Saint-Jacques de
Compostelle, dans la Galice espagnole. Vivement désireux de
parcourir le monde, notre Ulysse, alors âgé de seize ans, se
laisse entraîner par le Sicilien à entreprendre, sans argent, un
long voyage à travers l'Italie, la France et l'Espagne. Nos deux
pélerins longent les murs de Bologne, sans entrer dans la ville,
passent à Modène, à Gènes, à Savone, à Nice, traversent le Var
à la nage et parviennent, après mille difficultés, à sortir de la
Provence, alors occupée par les troupes italiennes et espagnoles
en guerre avec l'armée du roi de France. Le Rhône franchi, ils
pénètrent en Languedoc, visitent Montpellier, Narbonne, Per-
pignan et se dirigent du côté de l'Espagne. Au col de Perthus
ils sont dévalisés par une bande de brigands qui ne leur lais-
sent que la chemise et les souliers. C'est dans ce simple appa-
reil qu'ils arrivent à Barcelone. Là, après avoir obtenu des vête-
ments, ils vont faire leurs dévotions à la chapelle de N.-D. de
Montserrat, où ils demeurent trois jours; puis, poursuivant leur
route à travers l'Aragon, la Navarre, la Castille et la Galice, ils
s'arrètent quelques jours à Saint-Jacques de Compostelle, pous-
sent jusqu'à Santa-Maria et au cap Finisterre. Ne pouvant aller
plus loin sur le continent, ils se décident à revenir à travers les
montagnes de la Galice, où, pendant deux jours, ne trouvant
aucune habitation, ils n'ont d'autre nourriture que les fruits des
arbres et arbustes sauvages. Exténués de faim et de fatigue, ils
parviennent à Valladolid, traversent la Navarre et le Languedoc et arrivent à Marseille, où ils s'embarquent pour Gènes. Au
milieu de la traversée, ils sont poursuivis par des corsaires,
mais, faisant force de rames, ils réussissent à leur échapper et
à débarquer à Gènes. Le jeune Ulysse, ne pouvant se résoudre
à rentrer à Bologne, propose à son compagnon d'aller à Jérusalem. Mais celui-ci, dégoûté de la vie de pélerin mendiant et ne
voulant plus s'exposer aux privations, aux souffrances et aux pé-
rils de cette existence nomade, déclare qu'il est bien décidé à retourner en Sicile. Le jeune Ulysse rentre donc à Bologne (1549).
Inutile de dire avec quelle joie il est accueilli par sa mère, par
son frère Achille et par les amis de sa famille qui, tous, le
croyaient mort.

Les aventures de la jeunesse d'Aldrovandi nous ont paru dignes d'être rappelées, moins à cause de leur intérêt dramatique, que parce qu'elles donnent un pressentiment du caractère et de la nature d'esprit de celui qui devait être le plus curieux des « curieux de la nature ».

Cédant aux sollicitations de ses parents, Ulysse consent à renoncer à ses projets de voyages lointains et reste à Bologne pour y faire ses études de rhétorique, de philosophie, de mathématique et de médecine. Soupçonné d'hérésie, il est envoyé à Rome et enfermé dans les cachots de l'Inquisition. Relâché après quelques mois de détention, il se met à étudier les antiquités de Rome et compose un mémoire qui ne fut imprimé qu'en 1556 sous le titre de *Antichità della città di Roma*. Une circonstance fortuite décida de sa vocation pour les sciences naturelles. Etant allé un jour chez Paolo Giovio, il y trouva Rondelet, qui était venu à Rome, à l'occasion du Conclave, en qualité de médecin du cardinal de Tournon. La conversation entre Giovio et le célèbre professeur de Montpellier roula sur un ouvrage que celui-ci préparait et qui fut imprimé plus tard à Lyon, en 1551, sous le titre de : *De Piscibus marinis libri XVIII*. A partir de ce jour, les marchands de la pêcherie de Rome virent souvent arriver près d'eux un acheteur tel qu'ils n'en avaient jamais vu jusqu'alors : c'était notre Ulysse qui venait quérir des poissons, non comme le commun des chalands, pour les faire frire à la poêle, mais pour en réunir une collection. Rondelet, ce fascinateur d'hommes, avait gagné à la science un adepte qui devait lui faire honneur, non moins que ses autres élèves Daléchamps, Matthias de L'obel, ordinairement appelé par abréviation Lobel, Rauwolf, Jean Bauhin, Charles de l'Ecluse, plus connu sous le nom de Clusius, et Joubert.

Rentré dans sa patrie, Aldrovandi, alors âgé de 28 ans, eut occasion de voir Luca Ghini, qui était venu passer à Bologne le temps des vacances. Le célèbre professeur de botanique sut si bien inspirer le goût de l'étude des plantes à Aldrovandi que celui-ci le suivit à Pise et devint un de ses meilleurs élèves. On conserve encore parmi les manuscrits d'Aldrovandi le cours rédigé d'après les leçons de Ghini.

En 1551, Aldrovandi va faire une excursion botanique au Monte Baldo, en compagnie de Luigi Anguillara, directeur du Jardin de Padoue, d'Andrea Alpago de Bellune et sous la conduite de Francesco Calzolari qui, depuis longtemps, avait une grande expérience de la flore des montagnes. — A son retour, Ulysse s'arrête à Padoue, où il suit pendant près de deux ans les leçons du célèbre professeur Gabriel Fallopia. — En 1553, il explore les environs de Rimini, les monts de l'Alvernia et de la Sibilla, Lorete, Ancone, Sirolo et tout le littoral italien de l'Adriatique. C'est durant ce voyage qu'il fait les premières récoltes de plantes pour son herbier. — Revenu à Bologne, il prend les grades de docteur en philosophie et en médecine et obtient du sénat de Bologne le titre de lecteur de logique, de philosophie et d'histoire naturelle (1). — Enfin, en 1568, il crée le jardin botanique de Bologne qui devait être, avec son herbier, son musée et ses dessins de plantes et d'animaux, la grande préoccupation de sa vie.

Voulant que son jardin soit le plus beau de tous (2), il fait venir à grands frais de divers pays des caisses remplies de plantes. Il occupe constamment chez lui deux secrétaires et au dehors trois scribes, puis des dessinateurs, des peintres et des graveurs habiles qu'il paie généreusement. Après toutes ces dépenses, notre Ulysse ruiné, mais toujours infatigable et jamais découragé, demande un subside au sénat de Bologne pour continuer une œuvre qui fera honneur à la Cité et à l'Italie; il en obtient 2,400 livres et une augmentation de ses émoluments de professeur. — Ces ressources épuisées, il s'adresse aux papes Grégoire XIII et Sixte-Quint, aux ducs de Toscane et d'Urbin, aux cardinaux Paleotti et Perretti, à l'archevêque de Majorque Campeggi. Tous, pleins de commisération pour ce prodigue, envoient de l'argent afin qu'on imprime trois volumes d'ornithologie et un volume d'entomologie.

Avec l'âge vint un cortège d'infirmités qui empêchèrent Aldrovandi de continuer son œuvre. Il chargea de ce soin un jeune Hollandais, né à Delft, nommé Corneille Wterver, et obtint du sénat qu'il fût désigné comme devant lui succéder en qualité de directeur du jardin botanique. En attendant, le jeune collaborateur d'Aldrovandi fut nommé, en 1600, gardien de la

---

(1) Au XVIe siècle, le titre de lecteur était, en Italie et en France, l'équivalent de celui de professeur.

(2) *Voglio che sia il primo Giardino d'Europa.* — Lettre du 14 décembre 1577.

bibliothèque et du musée. Le 10 novembre 1603, Aldrovandi dicta le testament par lequel il donnait ses collections et ses livres à la ville de Bologne et mourut le 10 mai 1605, à l'âge de 83 ans (1).

Après avoir esquissé à grands traits la vie du botaniste qui a eu le mérite de donner aux collections de plantes sèches l'importance d'une institution scientifique, il est temps de décrire l'herbier qui est, en quelque sorte, le prototype de l'art dont nous écrivons l'histoire dans le présent travail (2).

L'herbier d'Aldrovandi, se compose de 17 volumes in-folio, dont 14 mesurent 21 centimètres de largeur sur 31 centimètres de hauteur, Les volumes 15, 16 et 17 ont des dimensions un peu plus grandes, soit 23 centimètres de largeur sur 34 centimètres de hauteur.

La couverture est un carton recouvert de parchemin antique, dont l'un, celui du vol. VI, est orné de miniatures. Les volumes VIII et XVI ont perdu le carton antérieur, le volume XVII a perdu ses deux cartons. A la partie supérieure du carton antérieur des quatorze autres volumes, se trouve marquée en gros caractères écrits transversalement l'indication numérale du tome, par exemple : *tomus primus plantarum Ulyxis Aldrovandi*, et ainsi de suite pour les autres.

Des 17 volumes, 16 sont contenus chacun dans un cartable qui peut se fermer au moyen de quatre rubans fixés au bord du carton.

Les 17 volumes se composent de 4,373 feuilles de papier, qui devaient à l'origine porter environ 5,000 échantillons. Le nombre de ceux-ci est diminué par suite d'avaries dont nous parlerons plus loin. Chaque feuille a un numéro d'ordre, écrit à droite de la partie supérieure du recto ; quelques-unes ont un double numérotage, dont l'un fait suite à celui du volume précédent, ce qui semble indiquer que ces volumes ont été scindés en deux après n'avoir formé qu'un seul volume.

---

(1) C'est par erreur que, dans le 1er volume de la Biographie générale par le docteur Hoefer, il est dit que l'illustre naturaliste de Bologne est mort le 10 novembre 1607. Il est d'ailleurs inexact, comme le remarque très bien ledit biographe, qu'Aldrovandi soit mort à l'hôpital dans la plus profonde misère ; le Sénat de Bologne lui accorda jusqu'au dernier jour de sa vie la continuation de ses émoluments de professeur.

(2) Nous devons les renseignements qui suivent à l'obligeance de M. le docteur Giovannini, inspecteur du Jardin botanique de Bologne.

La plupart des feuilles ne portent qu'une espèce, cependant quelques-unes en ont de deux à cinq.

Les noms latins des espèces ont été écrits par Aldrovandi, à côté de chaque échantillon ; ils sont empruntés aux auteurs qui faisaient autorité pendant la seconde moitié du XVIe siècle, particulièrement à Fuchs, Dodoens, Gesner, Belon, Mathias de l'Obel, Clusius.

Les plantes sont disposées sans ordre et paraissent avoir été collées sur les papiers à mesure de leur préparation. On y voit, par exemple, des cryptogames à côté d'espèces phanérogames.

L'herbier d'Ulysse Aldrovandi a subi des vicissitudes nombreuses et diverses. Après être resté longtemps enfoui dans une armoire de la Bibliothèque universitaire de Bologne, sans que personne s'en soit occupé, il fut enlevé, le 5 juillet 1796, par ordre des Commissaires de la République française, lesquels estimant sans doute que les Italiens n'étaient pas dignes de posséder un tel trésor, le firent transporter, avec 17 volumes de dessins de plantes et d'animaux, au Muséum d'histoire naturelle de Paris, afin qu'il fût minutieusement étudié et décrit comme il le méritait. Il n'est pas venu à notre connaissance que la collection de l'illustre naturaliste bolonais ait été l'objet d'une notice descriptive de la part d'aucun botaniste français. Nous avouons même avoir cru, jusqu'à ce jour, que les Commissaires de la République française avaient ordonné le transfert des volumes de dessins seulement, mais non celui de la collection des plantes sèches. En consultant les notices écrites sur la vie d'Aldrovandi, nous voyons que les historiens n'étaient pas mieux renseignés que nous-même, touchant les pérégrinations de l'herbier d'Ulysse (1).

---

(1) Aldrovandi jouissait d'une si grande célébrité parmi les savants, que quelquefois, dans les lettres et articles divers où il est question de lui, on omettait son nom patronymique et on le désignait seulement par son prénom. C'est ce qu'on a pu remarquer dans le passage rapporté plus haut d'une lettre de Georges Marius à Matthiole (note 2 de la page 17). Nous pourrions encore citer plusieurs lettres écrites à Aldrovandi avec la suscription « eccellentissimo signore Ulisse » (*Vita di Aldrovandi*, da Giov. Fantuzzi). — Dans la Notice biographique écrite par Isaac Bullart (Acad. des sc. et des arts, Amsterd., 1682, tom. II, p. 109) nous relevons les deux phrases suivantes : « Si la Grèce a vanté autrefois son Ulysse, l'Italie ne doit pas moins se glorifier de la naissance de celuy-cy qui a découvert dans ses doctes écrits toutes les merveilles qui paroissent sur le théâtre de l'Univers..... Si le prince des poètes grecs a chanté dans ses vers les louanges de son Ulysse, le nostre,

Après le traité de Vienne, en 1815, l'herbier d'Aldrovandi, revint de Paris à Bologne, et fut restitué, comme il était juste, à l'Université à laquelle il appartenait. Après soixante ans de calme, il subit encore un nouveau déplacement, sans sortir toutefois de la ville de Bologne, et fut transporté au Jardin botanique, où il prit place au mois de mai 1875, sous le n° 104 de l'inventaire général, à côté des importantes collections de Boccone et de Monti.

Il n'est pas besoin d'ajouter que ces nombreux déplacements ont causé à l'herbier d'Aldrovandi de grands dégâts, auxquels se sont ajoutés les ravages des insectes, et, ce qui est plus triste à dire, les rapines des personnes qui l'ont examiné. « C'est grande pitié, dit le D<sup>r</sup> Giovannini, de constater que des feuillets entiers ont été arrachés par des collectionneurs sans vergogne qui, pour satisfaire le désir de posséder une plante cueillie par un naturaliste célèbre, n'ont pas hésité à mutiler l'une des plus vénérables reliques de la science des plantes. » D'autres ont enlevé les échantillons qu'ils convoitaient, et ont bien voulu laisser au moins le papier et l'inscription écrite de la main d'Aldrovandi. Enfin, quelques-uns, ayant encore des scrupules et le sentiment de la profanation qu'ils commettaient, se sont bornés à couper un fragment de plante. Pour comble de malheur, un employé chargé d'empoisonner l'herbier, au moyen d'une solution de deuto-chlorure de mercure, a gravement détérioré les échantillons contenus dans les volumes I et II, en les brossant avec autant de force que s'il avait étrillé un cheval. Dès qu'on s'en est aperçu, on s'est empressé de mettre un terme au zèle excessif de ce vigoureux conservateur, qui aurait détruit l'herbier plus vite et plus sûrement que les insectes parasites.

---

l'honneur de l'Italie, voire mesme de toute l'Europe, a eu pour héraults de sa gloire les plus fameux poètes de son temps. »

En ce qui concerne le transport à Paris de l'herbier d'Ulysse, nous devons à M. le docteur Giovannini la connaissance d'un article publié par Serafino Mazetti dans les *Memorie storiche sulla Universita di Bologna*, où se trouve la liste suivante des ouvrages d'Aldrovandi, qui furent transportés à Paris en 1796 :

1° 17 volumi in-folio che contengono figure dipinte d'Ucelli, Quadrupeli, Piante, Erbe, Insetti, Pesci, Mostri, etc. Si c aggiunto altro piccolo volume in-folio di piante dipinte.

2° 16 volumi di ERBARIO d'Aldrovandi compreso un altro volume di figure dipinte.

C'est bien à lui qu'on aurait pu appliquer le proverbe : « Mieux vaut un ennemi qu'un maladroit ami.»

Le tableau suivant présente la répartition des 4378 feuilles dans les 17 volumes de l'herbier.

| Numéro du tome | Nombre des feuillets | Numérotage double | Indication de la première et de la dernière espèce. |
|---|---|---|---|
| 1 | 390 | | 1 Absinthium ponticum Matthioli.<br>390 Papaver spumeum viscago. |
| 2 | 354 | | 1 Polium montanum.<br>354 Rubia laevis Taurinensium Lobel. |
| 3 | 324 | 323 | 1 Quercus cum galla — Umbilicaria herba.<br>324 Brassica sclenites. |
| 4 | 347 | 659 | 1 Sphondylio congener.<br>347 Anthyllis alia Dioscoridis. |
| 5 | 221 | | 1 Anonis sive Ononis flore albo.<br>221 Trifolium alpestre angustifolium flore rubro. |
| 6 | 251 | | 2 Anchusa lignosior Penae (manque la première feuille).<br>251 Rhaponticum aliud ex monte Sancsio. |
| 7 | 237 | 447 683 | 1 Pinus urbana.<br>237 Alsines minimae species. |
| 8 | 234 | 218 451 | 1 Imperatoria.<br>234 Herbae rhenae species. |
| 9 | 193 | | 1 Gnaphalio vulgari congener foliis angustis.<br>193 Ranunculus hortensis alter Dodonaei. |
| 10 | 133 | 131 | 1 Tragopogon alter.<br>133 Pinus silvestris. |
| 11 | 171 | 302 | 1 Osteocolli species.<br>171 Iris illyrica. |
| 12 | 219 | | 1 Costo hortensi congener.<br>219 Anonidi congener : Foeno burgundico similis. |
| 13 | 237 | 239 | 1 Ulmus foemina fructifera et florifera.<br>237 Erica baccifera lusitanica (manque feuillet 238). |
| 14 | 295 | 534 | 1 Ascyron sive Ascyroides.<br>295 Erythrodanum flore caeruleo. |
| 15 | 185 | | 2 Daucus coniophyllus Cordi (manque feuillet 1).<br>185 Caryophyllus flore candido (manquent feuillets 186 et 187, — non employés, les feuillots 188 à 223.) |
| 16 | 291 | | 1 Alcea.<br>291 Allium caninum. |
| 17 | 296 | | 1 Aconitum lycoctonum.<br>296 Helxine seu Parietaria. |

4,378

L'herbier d'Aldrovandi, composé de 5,000 plantes placées sur 4,378 feuilles, est sans contredit le plus volumineux de tous ceux qui ont été faits au XVI<sup>e</sup> siècle. Celui de Cesalpino, supérieur assurément sous le rapport de la classification, ne contient que 768 plantes collées sur 260 feuilles. C'est pourquoi nous osons dire que l'auteur de la *Geschichte der Botanik* a été téméraire lorsqu'il a insinué que « si l'on en juge par la *Dendrologia*, ouvrage posthume arrangé par Ovidio Montalbano, l'herbier d'Aldrovandi doit être un amas de *curiosités végétales* plutôt qu'une collection variée de plantes. Cet herbier, ajoute Meyer, n'a d'autre importance que celle qui résulte de son ancienneté et du nom de son auteur ». — Certes, avant de porter un jugement aussi sévère, Meyer aurait dû prendre des renseignements auprès des botanistes de Bologne, et alors il aurait appris que la collection Aldrovandienne est considérable non seulement par le nombre des échantillons, mais encore par la variété des espèces qui la composent. Déjà il aurait pu le soupçonner, sachant qu'elle forme 17 volumes in-folio.

Nous, au contraire, nous estimons, par les motifs exposés précédemment, que l'herbier d'Aldrovandi est un des monuments des plus importants de l'histoire de la Botanique et nous regrettons bien vivement de n'avoir pu le décrire d'une manière plus détaillée. Nous croyons d'ailleurs avoir amplement démontré que la gloire d'Aldrovandi n'est pas d'avoir écrit un grand nombre de volumes que les érudits eux-mêmes ne lisent plus, mais bien d'avoir été l'apôtre infatigable de la méthode d'observation sous sa forme la plus instructive et la plus durable.

## HERBIER DE JEAN GIRAULT.

Pendant qu'Aldrovandi formait la collection de plantes qui, suivant nous, est avec son Musée et son Jardin botanique son principal titre à l'admiration de la postérité, on faisait aussi des herbiers à Lyon. Les biographes de Daléchamps assurent que ce célèbre naturaliste, qui enseigna dans notre ville la Médecine et la Botanique de 1522 à 1588, avait entrepris de nombreux voyages dans le bassin du Rhône depuis les Alpes jusqu'aux Cévennes, et qu'il avait formé une importante collection de toutes les plantes de cette région. Malheureusement les neveux de l'illustre auteur de l'*Historia plan-*

*tarum* emportèrent à Caen ses manuscrits, sa bibliothèque et ses collections et ne surent pas conserver cette précieuse part de leur héritage ; mais s'il ne reste rien des récoltes du maître, nous avons un herbier fait en 1558 par un de ses élèves, le jeune Jean Girault, « étant pour lors prieur des étudians en chirurgie », ainsi qu'il l'a dit lui-même. Or, il est inadmissible que le jeune étudiant ait été à Lyon le seul collectionneur de plantes, de sorte que son « livre », tout petit qu'il est (il n'a que 81 feuilles portant 310 plantes), prouve que l'art des herbiers était connu en France, et particulièrement à Lyon, au milieu du XVIe siècle aussi bien qu'en Italie.

Nos lecteurs se souviennent que Meyer, préoccupé de trouver l'inventeur de l'art des herbiers, avait accordé la priorité à Ghini, professeur de botanique à Pise, de préférence à l'Anglais John Falconer, sous prétexte que l'étude de la botanique était trop arriérée à cette époque en Angleterre pour que Falconer ait pu concevoir une telle invention. Si Meyer avait eu connaissance de l'herbier de Girault, il aurait été probablement moins prompt à attribuer à Ghini l'invention de l'art des herbiers. Du reste, il n'aurait pas osé alléguer que la science phytologique était trop arriérée à Lyon pour qu'un étudiant en chirurgie de cette ville ait pu employer le procédé de dessication des plantes au moyen de la compression entre des feuilles de papier, puisque depuis le commencement du XVIe siècle l'étude des végétaux et de leurs propriétés thérapeutiques était en grand honneur dans la seconde ville de France. Il ne sera pas hors de propos de rappeler que le célèbre Symphorien Champier avait fondé à Lyon une Ecole de médecine qui ne tarda pas à devenir florissante. En deux de ses ouvrages, il s'appliqua à démontrer à ses contemporains que leur engouement pour les plantes exotiques était exagéré et que la flore française est tout aussi riche en espèces utiles à la Médecine que celle de n'importe quel pays lointain (1).

Quelques années après la mort de Symphorien Champier, Canappe enseignait avec éclat la chirurgie à Lyon, et acquit une si grande renommée, que François Ier le nomma son premier chirurgien. On verra plus loin que, dans la suscription placée

---

(1) *Hortus gallicus, Campus Elysiae gallicus*, Lugduni, 1533.

en tête de son herbier, Girault se fait honneur d'être l'élève de
« monsieur Jean Canappe, régent en la Faculté de médecine,
lecteur aux chirurgiens de Lyon ». Outre plusieurs traités de
chirurgie et d'anatomie, Canappe a publié, en 1555, un commentaire du *Traité des Simples*, de Galien, où il est question
d'un grand nombre de plantes.

Après avoir étudié la médecine à Montpellier, Rabelais vint à
Lyon, attiré par la réputation de sa Faculté de médecine. Pendant les trois années qu'il y séjourna, il fit imprimer un livre
contenant plusieurs traités d'Hippocrate et de Galien, ainsi que
les *Prouesses de Pantagruel et la vie inestimable du grand
Gargantua.*

Un médecin piémontais, nommé Argentier, cédant aussi à la
même attraction, vint dans notre cité, pour y recevoir l'enseignement des maîtres célèbres de la Faculté de médecine. Doué
d'une intelligence prompte, mais d'un caractère violent et pré-
somptueux, il se fit remarquer par ses attaques contre les médecins de l'antiquité. Habile à faire valoir ses talents, il conquit
bientôt une haute position médicale, au point que la renommée
publique l'avait qualifié du titre pompeux de « grand médecin ».
Cependant il paraît qu'il avait l'humeur changeante, car après
cinq ans d'exercice de la médecine à Lyon, il passa en Hollande,
puis en Italie, où il enseigna la médecine en plusieurs villes, notamment à Pise, à Naples et à Turin.

Le plus célèbre des médecins lyonnais du XVI\ siècle, nous
pourrions ajouter des botanistes français, fut, sans contredit,
Jacques Daléchamps, né près de Caen, en Normandie. Après
avoir achevé ses études médicales à Montpellier, sous la direction de l'illustre Rondelet, le restaurateur en France de l'Histoire naturelle, il vint en 1522 à Lyon, où bientôt, grâce à sa
vaste érudition, il se plaça au premier rang des professeurs de
la Faculté de médecine. En même temps qu'il publiait des traductions, avec commentaires, des écrits de Pline, d'Athénée, de
Galien, de Paul d'Ægine et de Cælius Aurelianus, il amassait
des matériaux pour la composition d'un grand traité de Botanique. Mais, comme son enseignement et les occupations d'une
nombreuse clientèle ne lui laissaient pas assez de loisir pour
rédiger cet ouvrage, il chargea du soin de coordonner ses notes
manuscrites le jeune Jean Bauhin, qui, après avoir pris ses
grades à la Faculté de Montpellier, était venu se fixer à Lyon,

afin d'y continuer ses études botaniques et médicales. Malheureusement, Jean Bauhin, dénoncé à l'autorité ecclésiastique comme sectateur de la religion réformée, se vit obligé de retourner précipitamment à Bâle, auprès de sa famille (1).

Empêché d'abord par ses occupations professionnelles, puis, plus tard, par une infirmité qui le rendit incapable de tout travail intellectuel pendant les dernières années de sa vie, Daléchamps mourut en 1588, sans avoir pu achever l'œuvre qu'il regardait comme le couronnement de sa carrière scientifique (2).

L'imprimeur Guillaume Roville, à qui furent remis les manuscrits de Daléchamps, chargea un médecin de Lyon, nommé Jean des Moulins, d'arranger et de coordonner les notes laissées par l'illustre botaniste, et, avec son concours, publia, en 1587, l'*Historia generalis plantarum in libros XVIII digesta*.

---

(1) Il n'est pas sans intérêt de rappeler que la famille illustrée, par les frères Bauhin, Jean et Gaspard, est d'origine française. Le père de ces deux deux botanistes était médecin à Amiens et il acquit une telle réputation qu'il fut appelé à la cour de France pour y remplir la fonction de premier médecin, bien qu'il eût commis l'imprudence d'abandonner la religion catholique et d'adhérer publiquement aux doctrines de la secte luthérienne. La protection de Catherine, reine de Navarre, et de Marguerite, sœur de François I<sup>er</sup>, ne put le mettre à l'abri des poursuites exercées contre les hérétiques. Condamné à être brûlé, il parvint cependant à se sauver hors de France, et fut réduit à errer misérablement pendant plusieurs années à travers la Hollande et l'Allemagne, sans cesse menacé de tomber entre les mains des sicaires de l'inquisition. Enfin il finit par trouver un asile à Bâle, où il occupa d'abord l'emploi de correcteur d'imprimerie : mais bientôt, complètement rassuré par l'esprit de tolérance qui animait ses nouveaux concitoyens, il reprit l'exercice de la médecine et devint doyen du Collège de Bâle.

(2) Dans plusieurs articles biographiques, il est dit que Daléchamps est mort à Lyon en 1586. Cependant il est hors de doute que ce célèbre médecin est mort en 1588, à l'âge de 75 ans, ainsi que le démentit l'inscription de la plaque commémorative en marbre noir placée, peu de temps après la mort de Daléchamps, dans l'église des Dominicains, appelée plus tard église des Jacobins. Cette église, située près de la place qui porte encore aujourd'hui le nom de place des Jacobins, a été démolie, mais la pierre qui recouvrait le tombeau de Daléchamps a été conservée et se trouve actuellement au Musée lapidaire de Lyon. Voici cette inscription :

Dom. et M. AE.

Sisto gradum viator et pellege. — Jacobus Dalechampius cadomensis medicus celeberrimus notæ et spectatæ fidei bonorum omnium amicissimus et studiosissimus auctus prole dulcissima carissima annum agens LXXV cum magno suorum luctu universique populi desiderio mortis quondam victor à morte tandem victus obiit kal. mart. anni CIↃ IↃLXXXVIII.

Prosôpopoia.

Me sinu Cadomus suo tenellum excepit docuit chorus Sororum artes.
Nunc tumulus tegit jacentem at fama ingenii volat superstes.

Lugduni apud Gulielmum Rovillium, 1587, 2 vol. in-fol., sans nom d'auteur (1).

Les éditeurs n'étaient pas à la hauteur de la tâche difficile qu'ils avaient entreprise et commirent des erreurs graves de synonymie, en décrivant quelquefois la même plante sous différents noms. Un médecin lyonnais, nommé Jacques Pons, releva plusieurs de ces erreurs, dans un écrit publié en 1600, sous le titre d'*Annotationes in Historiam plantarum*. L'année suivante, C. Bauhin en signala plusieurs autres dans ses *Animadversiones in Historiam plantarum*. Il fut tenu compte des rectifications indiquées par J. Pons, mais non de celles de C. Bauhin, dans l'édition française imprimée en 1615, par les héritiers de Roville, sous le titre de *Histoire générale des plantes*, *sortie latine de la bibliothèque de J. Daléchamps, et faite française par Jean des Moulins*, 2 vol. in-fol. Une autre édition, non différente de la première, parut en 1653, à Lyon, chez Philippe Borde.

Malgré les lacunes et imperfections laissées par les éditeurs, l'*Histoire générale des plantes* est de beaucoup supérieure aux traités composés antérieurement par Brunfels, Brasavola, Tragus, Dorstenius, Gesner, Fuchs, Ruel, et peut être mise sur le même rang que les traités de Botanique de Dodoens, Matthiole, Matthias de Lobel, Tabernæmontanus et Jean Bauhin. Nous n'hésitons pas à affirmer que Daléchamps est le premier des botanistes français du XVIe siècle, puisqu'il ne nous est pas permis de revendiquer comme nôtres Gaspard et Jean Bauhin, qui seraient les plus grands de tous.

En présentant un exposé rapide de l'état de la Botanique à Lyon, nous avons voulu démontrer que cette science était assez florissante dans notre ville au milieu du XVIe siècle, pour que le jeune Lyonnais Jean Girault, « pour lors prieur des étudians

---

(1) Plusieurs des noms créés par Daléchamps sont restés dans la nomenclature moderne, tels sont : *Acer monspessulanum*, *Sedum* (Aizoon) *dasyphyllum*, *Anthoxanthum*, *Mœhringia* (Alsine) *muscosa*, *Cakile* (Eruca) *maritima*, *Althaea* (Alcea) *villosa* ou *hirsuta*, *Medicago* (Tribulus) *minima*, *Hieracium sabaudum*, *Corydallis* (Fumaria) *bulbosa*, *Lathyrus sativus*, *Orobus* (Galega) *montanus*.

En outre, il sut, le premier, distinguer plusieurs espèces, jusqu'alors méconnues, nous nous bornerons à citer : *Bupleuron aristatum*, *Veronica urticifolia*, *Bunium verticillatum*, *Erinus alpinus*, *Ornithopus compressus*, *Urospermon Dalechampii*, *Andryala sinuata*, *Coronilla minima*.

en chirurgie sous Monsieur Canappe », ait pu composer un herbier, en 1558, sans avoir reçu les leçons de Monsieur Luca Ghini,
directeur du jardin botanique de Pise, mais seulement après
avoir assisté à celles de Monsieur Jacques Daléchamps, lecteur
de médecine à la Faculté de Lyon. Tous les biographes de Daléchamps s'accordent à dire que ce naturaliste avait formé une
vaste collection de toutes les plantes de la contrée lyonnaise,
depuis les montagnes du Forez et des Cévennes jusqu'aux
Alpes. Quoiqu'ils ne donnent aucun détail sur le procédé employé par Daléchamps, on peut cependant, sans invraisemblance,
supposer que le maître était probablement aussi habile dans
l'art de préparer les plantes que son jeune élève, Jean Girault,
et, par conséquent, le ranger au nombre des botanistes qui, au
XVI⁰ siècle, surent composer un herbier. Si les collections de
Daléchamps avaient été conservées, il est probable que nous
aurions dû, d'après l'ordre chronologique, les citer avant celles
d'Aldrovandi, qui n'ont été commencées qu'en 1553. Daléchamps
enseignait, à Lyon, la Médecine et la Botanique depuis l'année
1522. Puisque nous n'avons pas le bonheur de posséder les collections du maître, contentons-nous de décrire le petit herbier
de l'un de ses élèves.

L'herbier de Jean Girault, qui fait actuellement partie des
collections du Muséum d'histoire naturelle de Paris, avait été
considéré, avant les recherches de MM. Camus et Penzig, complétées par les nôtres, comme le plus ancien herbier parmi ceux
qui ont été conservés. Bien qu'il ait été commencé cinq ans
après celui d'Aldrovandi et que sa valeur intrinsèque soit mi-
nime, cependant il a, comme nous l'avons expliqué, une
grande importance historique (1).

Il fut déposé dans les collections du Jardin des Plantes de
Paris, par Antoine de Jussieu, qui succéda à Tournefort comme
professeur de Botanique. Il avait été donné à A. de Jussieu par
un de ses compatriotes nommé Boissier, ainsi qu'il résulte de
la lettre suivante collée sur la garde du volume :

« Voilà, Monsieur, un bouquet que je vous prie d'accepter,

---

(1) C'est à l'obligeance de M. le docteur Edm. Bonnet, aide-naturaliste au
Muséum, que nous devons d'avoir pu examiner l'herbier de Girault. Nous
sommes heureux de lui exprimer notre reconnaissance et aussi de rendre
témoignage de l'esprit libéral qui anime l'administration du Muséum d'histoire naturelle de Paris.

quoique ce ne soit pas de fleurs ; il a son mérite par les feuilles
et les herbes conservées depuis un si long temps. Je souhaite
aussi que le témoignage de l'auteur de ce recueil puisse servir
de quelque preuve de l'avantage de la Faculté de Lion, et
vous asseure que je suis de tout mon cœur parfaitement, Monsieur, votre très humble et très obéissant serviteur. — Le 23 février 1721. — BOISSIER. »

Au dessus de cette lettre est une suscription écrite de la main
de Girault :

« Crainte de Dieu.

« Ce présent livre a été commencé par moi Jehan Girault, ce
6 jour d'aoust 1558, étant pour lors prieur des étudiants en chirurgie, sous monsieur Jehan Canappe, régent de la Faculté de
médecine de Paris, lecteur aux chirurgiens de Lyon. »

*Eris mihi magnus Apollo.*

« GIRAULT. »

Comme l'écriture de Girault est difficile à lire, A. de Jussieu
a transcrit au bas de la page la suscription que nous venons de
reproduire, mais il a altéré le nom du signataire et a écrit
*Greault* au lieu de Girault. Après examen attentif, M. le
Dr Bonnet et nous-même affirmons qu'il faut lire *Girault*.
Cette rectification est d'ailleurs corroborée par une épigraphe
en caractères de la même époque et parfaitement lisibles qui
se trouve, on ne sait pourquoi, sur une des pages de la table :
« François Girault bon garçon ». Ce François était-il le frère ou
le fils de Jean Girault ?

L'herbier de l'élève en chirurgie de Lyon est un volume relié
en parchemin, de trente-deux centimètres et demi de hauteur
sur vingt-deux centimètres de largeur, contenant quatre-vingt-
une feuilles, dont les quatre premières et les quatre dernières
n'ont pas été employées. Au commencement du volume sont
trois feuilles non numérotées, sur lesquelles se trouve au recto
et au verso la table alphabétique des plantes avec l'indication
du chiffre du folio correspondant à chaque espèce.

Les échantillons se succèdent sans aucun ordre et semblent
avoir été placés à mesure de leur récolte ; ils sont cousus sur le
papier au moyen d'un gros fil. Ce mode de fixation est particulier à l'herbier de Girault ; les plantes des herbiers d'Aldrovandi,

de Césalpin et de Rauwolf sont collées sur les feuilles de papier ; celles de l'herbier de G. Bauhin sont libres.

Dans le livre de Girault, les échantillons sont cousus au nombre de deux à six sur la même feuille ; la plupart représentent des espèces de la Flore lyonnaise ; cependant on remarque aussi quelques plantes étrangères cultivées dans les jardins. Le nom latin et vulgaire mentionné dans les ouvrages de Brunfels, de Tragus, de Fuchs et de Dodoëns est écrit à côté de chaque échantillon. Quelques-uns de ceux-ci montrent la plante entière pourvue de ses fleurs et de ses fruits ; mais un grand nombre d'autres consistent en un fragment de tige sans organes reproducteurs, quelquefois même seulement en une feuille. Du reste, il convient de remarquer que, sauf Aldrovandi, Césalpin, Rauwolf, G. Bauhin, Joachim Burser et Tournefort, les botanistes du XVI$^e$ et du XVII$^e$ siècle ne savaient pas préparer avec soin les collections de plantes, en faisant choix d'échantillons complets.

L'herbier de Girault n'est ni mieux, ni plus mal composé que celui dont MM. Camus et Penzig ont donné la description, et il a sur ce dernier l'avantage de porter la mention du nom de son auteur et l'indication précise d'une date authentique (1558). Il n'est pas inférieur non plus à un autre herbier fait cent quarante-un ans plus tard par un pharmacien nommé René Marion, et qu'on a trouvé dernièrement au Conservatoire botanique du Parc de la Tête-d'Or, à Lyon (1).

Donc, à cause de son ancienneté et parce qu'il donne une idée des collections botaniques faites par les élèves et les amateurs jusqu'à la fin du XVII$^e$ siècle, le livre de plantes du jeune élève en chirurgie de Lyon mérite de figurer, quoique à un rang subalterne, dans notre *Histoire des Herbiers*, laquelle doit être surtout un tableau archéologique des collections de plantes sè-

---

(1) Cet herbier, contenant 178 plantes, a passé d'abord entre les mains de Goiffon, qui eut l'honneur d'enseigner la Botanique à nos illustres compatriotes Antoine et Bernard de Jussieu, puis entre les mains de Villars, lequel y a inscrit l'indication suivante : « Reçu de M. Plana, M$^e$ apothicaire à Grenoble, le 24 février 1785. » Villar. On sait que l'auteur de l'*Histoire des plantes du Dauphiné* signait son nom tantôt *Villar*, tantôt *Villars*. A côté des étiquettes écrites par René Marmion, Goiffon a ajouté le nom donné à chaque espèce par G. Bauhin dans le *Pinax*. Voici le titre placé à la première page de cet herbier : « Recueil de plantes fait par moy René Marmion pharmacien de Valence en Dauphiné » 1699.

ches, quelle que soit la valeur scientifique et artistique de chacune d'elles.

Nous donnons ci-après l'énumération des trois cent treize plantes de Girault. Dans la première colonne est placé le numéro de la feuille, dans la seconde le numéro de la plante, dans la troisième le nom donné à chaque espèce par Girault. Lorsque ce nom n'est pas conforme à la nomenclature en usage au milieu du XVI<sup>e</sup> siècle, nous avons ajouté (entre parenthèses) celui dont se sont servi Brunfels, Tragus, Fuchs, Gesner, Matthiole, Dodoëns et Daléchamps. Enfin, dans la quatrième colonne, à droite, nous avons mis la dénomination moderne, sauf dans quelques cas où l'échantillon manque ou quand il est brisé et méconnaissable.

| N. de la feuille | N. de la plante | NOM ÉCRIT DANS L'HERBIER | NOM MODERNE |
|---|---|---|---|
| 1 à 4 | | Pas de plantes. | |
| 5 | 1 | Filicula, Polypodium, Polypode. | Polypodium vulgare. |
| | 2 | Lilium convallium, Ephemerum. | Convallaria maialis. |
| | 3 | Pas d'étiquette. | Rumex scutatus. |
| | 4 | Spica, Pseudonardus, Aspic, Lavende. | Lavandula spicata. |
| | 5 | Paeonia femina. | Paeonia officinalis. |
| 6 | 6 | Colutea, Baguenaudier. | Colutea arborescens. |
| | 7 | Helenium, Inula campana, Ausnée. | Inula helenium. |
| | 8 | Cicer arietinum. | Cicer arietinum. |
| | 9 | Granatum, Grenadier. | Granatum puniceum. |
| 7 | 10 | Anthemis. Anemone | Anthemis arvensis. |
| | 11 | Capari | Capparis spinosa. |
| | 12 | Viola alba odorata (feuille radicale). | Hesperis matronalis. |
| | 13 | Cupressus arbor. | Cupressus sempervirens. |
| | 14 | Lunaria graeca (feuille). | |
| 8 | 15 | Pas d'étiquette. | Scrophularia canina. |
| | 16 | Thlaspi minus, *dénomination erronée* (Euphrasia altera Dod. Lob. Dal.). | Odontitis lutea. |
| | 17 | Altaraxacon (Tripolium vulgare Dod. Dal). | Aster tripolium. |
| | 18 | Échantillon cassé sans étiquette. | indéterminé. |
| | 19 | Idem. | Juncus compressus. |
| | 20 | Auricula muris, *dénomination erronée* (Helianthemum Cord. Lob.). | Helianthemum vulgare. |
| | 21 | Myrice, Tamarix (rameau cassé). | Tamarix » |

| N° de la feuille | N° de la plante | NOM ÉCRIT DANS L'HERBIER | NOM MODERNE |
|---|---|---|---|
| 9 | 22 | Althaea, Malvaviscus, Hibiscus. Bismalva. | Althaea officinalis. |
| | 23 | Argentaria (Argentina Dod. Pena Lobel ; — Anserina (Trag.) | Potentilla anserina. |
| | 24 | Pilosella minor. | Hieracium murorum. |
| | 25 | Agripalme (Cardiaca Matth. Gesn. Dal.) | Leonturus cardiaca. |
| | 26 | Solanum mortale (S. lethale Dod. ; — Belladona Clus.). | Belladona baccifera. |
| 10 | 27 | Eupatorium, Agrimonia. | Agrimonia eupatoria. |
| | 28 | Betonica, Vettonica. | Betonica officinalis. |
| | 29 | Sideritis prima (l'échantillon manque). | |
| | 30 | Adianton capillus Veneris (Adiantum Plinii Pena Lobel). | Asplenium adiantum nigrum. |
| | 31 | Elleborus niger, Veratrum nigrum. | Helleborus niger. |
| 11 | 32 | Tagetes indica. | Tagetes erectus. |
| | 33 | Indica minor. | Tagetes patulus. |
| | 34 | Cifrangulus arbor. | indéterminé. |
| | 35 | Rubia tinctorum media (Rubia silvestris Diosc). | Galium elatum. |
| 12 | 36 | Pentaphyllum, Quinquefolia. | Potentilla reptans. |
| | 37 | Ficus. | Ficus carica. |
| | 38 | Ruta muraria, Saxifragia. | Asplenium Ruta muraria. |
| | 39 | Pas d'étiquette. | Vinca media. |
| | 40 | Ocimastrum (Basilicum sive Ocimum Brunf. Lob.). | Ocimon basilicum. |
| 13 | 41 | Sphondylium. | Heracleum sphondylium. |
| | 42 | Eruca silvestris lutea, Enzomon. | Diplotaxis tenuifolia. |
| | 43 | Chelidonium minus. | Ficaria ranunculoidea. |
| | 44 | Melilotus, Corona regia, Sertula campana. | Melilotus macrorrhiza. |
| 14 | 45 | Anonis, Resta bovis, Remora aratri. | Ononis campestris. |
| | 46 | Matricaria silvestris (Jacobaea Dod. Ger.). | Senecio jacobaea. |
| | 47 | Scrophularia major. | Scrophularia nodosa. |
| 15 | 48 | Verbascum luteum minus (Blattaria Plinii Pena Lobel). | Verbascum blattarium. |
| | 49 | Aster atticus luteus. | Inula salicina. |
| | 50 | Pas d'étiquette. | Githago segetalis. |
| | 51 | Antirrhinum (Orontium Dod. Lobel). | Antirrhinum orontium. |
| 16 | 52 | Peucedanum, Fœniculum porcinum (Oreoselinum Gesner). | Peucedanum oreoselinum. |

| N° de la feuille | N° de la plante | NOM ÉCRIT DANS L'HERBIER | NOM MODERNE |
|---|---|---|---|
| | 53 | Vicia silvestris, Aphaca minor. | Cracca major. |
| | 54 | Aphaca major (Aracos sive Cicera Dol.). | Lathyrus cicera. |
| | 55 | Persicaria. | Polygonum persicarium. |
| 17 | 56 | Sideritis major. | Stachys palustris. |
| | 57 | Dracuntium, Pied de veau (Arum maculatum Cordus). | Arum maculatum. |
| | 58 | Lysimachia lutea. | Lysimachia vulgaris. |
| 18 | 59 | Perfoliata (Centaurium luteum Pena Lob. Dal.). | Chlora perfoliata. |
| | 60 | Fasiola, Dolichos, Smilax hortensis. | Phaseolus vulgaris *variété*. |
| | 61 | Caryophyllus silvestris species. | Dianthus Carthusianorum. |
| 19 | 62 | Satyrium triorchis, Satyrium trifolium. | Neottia autumnalis. |
| | 63 | Cothus (l'échantillon manque). | |
| | 64 | Filix mas, Fougère mâle (1). | Polystichum filix mas. |
| 20 | 65 | Staphis agria, Herba pedicularis. | Delphinium staphisagrium. |
| | 66 | Tithymali prima species (T. amygdaloides Lob.) | Euphorbia silvatica. |
| | 67 | Aster atticus purpureus, Bubonia inguinaria. | Aster amellus. |
| | 68 | Agnus castus, Vitex. | Vitex agnus. |
| | 69 | Tamarindorum, acida Palmula. | indéterminé. |
| 21 | 70 | Calamintha. | Calamintha nepeta. |
| | 71 | Solanum, Cuculus Plinii (Solanum nigrum Cord.). | Solanum nigrum. |
| | 72 | Morsus gallinae (Anagallis phœnicea mas, Pena Lob. Caes. Cam.). | Anagallis arvensis |
| | 73 | Been album (Lychnis alba Lob. Besl.) | Lychnis dioeca. |
| | 74 | Mercurialis, Linozostis mas. | Mercurialis annua. |
| 22 | 75 | Hedera terrestris. | Glechoma hederaceum. |
| | 76 | Fumaria, Fumus terrae. | Fumaria officinalis. |
| | 77 | Aristolochia longa (Arist. clematitis Diosc. Pline). | Aristolochia clematitis. |
| 23 | 78 | Aquilegia. | Aquilegia vulgaris. |
| | 79 | Vinca pervinca. Clematis daphnoides. | Vinca minor. |

---

(1) Dans nos *Recherches histor. sur les mots « plante mâle et plante femelle »*, nous avons expliqué que les anciens botanistes grecs appelaient Fougère mâle ou grand Pteris le *Pteris aquilina*, et Fougère femelle ou *Thelypteris* les Fougères de taille plus petite dont les frondes multiples naissent sur divers points du rhizome, c'est-à-dire les divers *Athyrion*, *Polystichon*, *Blechnon*, etc — L'interprétation à contre sens faite par Dodoëns des mots Fougère mâle et Fougère femelle a été suivie par tous les auteurs modernes.

| N. de la famille | N. de la plante | NOM ÉCRIT DANS L'HERBIER | NOM MODERNE |
|---|---|---|---|
| 24 | 80 | Apium aquaticum, A. palustre. | Heloseiadium nodiflorum. |
| | 81 | Pilosella major. | Hieracium pilosellum. |
| | 82 | Millefolium, Stratiotes. | Achillea millefoliata. |
| | 83 | Verbena mortua (Marrubium aquaticum Trag. Lobel.). | Lycopus europaeus. |
| | 84 | Rubus Sentis, Chamaebatos. | Rubus fruticosus. |
| 25 | 85 | Asclepias, Vincetoxicum, Dompte-venin.). | Vincetoxicum officinale. |
| | 86 | Symphytum magnum, Consolida major. | Symphytum officinale. |
| | 87 | Blitum. | Amarantus blitum. |
| 26 | 88 | Salicaria, Lysimachia. | Lythrum salicarium. |
| | 89 | Cyanus silvestris (Jacea nigra Gesn. Tab. Ger. Besl. Dal.) | Centaurea jacea. |
| 27 | 90 | Abrotonum silvestre (Abr. campestre Tab. Ger.) | Artemisia campestris. |
| | 91 | Vitis nigra, Viburnum (Clematis Matth. Cordus, Lobel.) | Clematis vitalba. |
| | 92 | Gramen vel Agrostis, Dent de chien. | Cynodon dactylon. |
| | 93 | Lappa magna vel Bardana. | Lappa major. |
| 28 | 94 | Origanum, Marulanum d'Angleterre. | Origanum vulgare. |
| | 95 | Buphthalmum, Oculus bovis (Bellis major Trag. Matth.) | Leucanthemum vulgare. |
| | 96 | Rostrum porcinum, Altaraxacum. (Lactuca silvestris Theophr., Dioscor. et Pline). | Lactuca scariola. |
| | 97 | Endivia (Sonchus laevis Matth. Gesn. Cord.). | Sonchus oleraceus. |
| | 98 | Cauda equina (Equisetum Matth. Ang. Dod. Dal.). | Equisetum arvense. |
| | 99 | Been album. | Silene inflata. |
| 29 | 100 | Daucus (Staphylinos agria Diosc., Pastinaca agrestis Pline). | Daucus carota. |
| | 101 | Papaver erraticum rubrum (Rhoeas Theophr., Diosc. Pline). | Papaver rhoeas. |
| | 102 | Helioscopia Diosc. | Euphorbia helioscopia. |
| 30 | 103 | Succisa, Morsus diaboli. | Succisa pratensis. |
| | 104 | Solanum lignosum, Cuculus (Dulcamara Dod. Dal.). | Solanum dulcamarum. |
| 31 | 105 | Buglossa silvestris altera, Spina mollis (Echion Diosc.). | Echium vulgare. |
| | 106 | Blitum, Pes anserinus. | Chenopodium hybridum. |

| N. de la feuille | N. de la plante | NOM ÉCRIT DANS L'HERBIER | NOM MODERNE |
|---|---|---|---|
| 32 | 107 | Linaria (Linon Diosc. ; — L. sativum Trag. Dod.). | Linum usitatissimum. |
|  | 108 | Sanguis draconis. | Rumex sanguineus. |
|  | 109 | Papaver corniculatum. | Glaucium luteum. |
|  | 110 | Filipendula. | Spiraea filipendula. |
| 33 | 111 | Tussilago farfara, Ungula caballina. | Tusssilago farfara. |
|  | 112 | Pastinaca sativa (*dénomination erronée*). | Caucalis daucoides. |
|  | 113 | Stoechas citrina. | Helichrysum stoechas. |
|  | 114 | Pinus. | Abies picea. |
|  | 115 | Tithymalus cyparissias. | Euphorbia cyparissias. |
|  | 116 | Pimpinella (Pimp. sanguisorba Dod. Matth.). | Poterium sanguisorbens. |
| 34 | 117 | Ceterach, Scolopendrium. | Ceterach officinarum. |
|  | 118 | Petroselinum macedonicum (feuille radicale). | indéterminé. |
|  | 119 | Centaurea minor, Febrifuga, Limnaeum. | Erythraea centauria. |
|  | 120 | Verrucaria scorpioides. | Heliotropium europaeum. |
| 35 | 121 | Pastinaca agrestis Pline, Panax heracleum. | Pastinaca pratensis. |
|  | 122 | Mintha silvestris aquatica. | Mentha silvestris. |
|  | 123 | Plantago aquatica. | Alisma plantago. |
|  | 124 | Serpyllum. | Thymus serpyllus. |
| 36 | 125 | Herba Roberti (Geranium Robertianum Pena Lobel Dod.) | Geranium Robertianum. |
|  | 126 | Aconitum pardalianches, Lycoctonum luteum (feuille radicale). | Astrantia major. |
|  | 127 | Asarum. | Asarum europaeum. |
|  | 128 | Linaria lutea (Anthora Dod. Pena Lob. Gesner). | Aconitum anthorum. |
|  | 129 | Liquiritia, Dulcis Radix (Glycyrrhiza Theoph. Diosc. Pline). | Glycyrrhiza glabra. |
|  | 130 | Rubia sativa (*dénomination erronée*), (Rubia silvestris Cord. Caes.) | Rubia peregrina. |
| 37 | 131 | Abrotonum femina. | Santolina chamaecyparissus. |
|  | 132 | Ageratum minus (Balsamina Brunf. Dod.) | Tanacetum balsamita. |
|  | 133 | Piperitis (échantillon cassé). | indéterminé. |
|  | 134 | Brunella, Bugla (Bugula Dod.) | Ajuga reptans. |
|  | 135 | Chamaedrys species. | Veronica teucrium. |
|  | 136 | Trifolium humile, Lagopus, Pes leporis | Trifolium arvense. |

| N° de la feuille | N° de la plante | NOM ÉCRIT DANS L'HERBIER | NOM MODERNE |
|---|---|---|---|
| 38 | 137 | Verbascum nigrum (*dénomination erronée*) (Verbascum album foemina sive Lychnitis Dod. Lob. Dal.) | Verbascum lychnitis. |
| | 138 | Androsaemum (Herba perforata Trag.) | Hypericum perforatum. |
| | 139 | Chamaedrys mas. | Teucrium chamaedrys. |
| | 140 | Trifolium pratense. | Trifolium pratense. |
| 39 | 141 | Saponaria. | Saponaria officinalis. |
| | 142 | Palma Christi. Ricinus, Croton, Cataputia major. | Ricinus vulgaris. |
| | 143 | Hyoscyamus (H. niger Diosc. Pline, Dod. Fena Lobel). | Hyoscyamus niger. |
| | 144 | Gnaphalium. Cotouaria. (Filago Dod. Ger.). | Filago germanica. |
| | 145 | Iva artetica (Chamaepitys mâle Diosc. — Abiga Pline.) | Ajuga chamaepitys. |
| 40 | 146 | Berberis. | Berberis vulgaris. |
| | 147 | Erica. | Calluna vulgaris. |
| | 148 | Ligustrum. | Ligustrum vulgare. |
| | 149 | Beta rubra et candida. | Beta vulgaris rapacea. |
| 41 | 150 | Lingua cervina. | Scolopendrium officinale. |
| | 151 | Senecie, Erigeron. | Senecio vulgaris. |
| | 152 | Cynoglossum verum, Lingua canis. | Cynoglossum officinale. |
| | 153 | Fragaria. | Fragaria vesca. |
| | 154 | Tormentilla (Pentaphyllum canum Thalius). | Potentilla argentea. |
| | 155 | Nenuphar (1). | Hydrocotyle vulgaris. |
| 42 | 156 | Eupatorium adulterinum Fuchs (Cannabina aquatica mas Pena Lob. Col.) | Eupatorium cannabinum. |
| | 157 | Flos sancti Nicolai (Conyza major Trag. Matth. Dod.) | Inula conyza. |
| | 158 | Absinthium ponticum. | Artemisia pontica. |
| | 159 | Nigella romana (Nigella damascena Trag. Cordus). | Nigella damascena. |
| 43 | 160 | Amarantus minor. | Colosia cristata. |
| | 161 | Lappa minor, Xanthium. | Lappa minor. |
| | 162 | Tanacetum. | Tanacetum vulgare. |
| | 163 | Apium. | Petroselinum sativum. |

---

(1) Les noms *Nymphaea* et *Nenuphar* étaient donnés autrefois à plusieurs plantes aquatiques, d'abord à celles qui portent encore aujourd'hui ce nom, puis à l'*Hydrocharis morsus ranae*, à l'*Hydrocotyle* et à la *Villarsia nymphaeoidea*.

| N. de la feuille | N. de la plante | NOM ÉCRIT DANS L'HERBIER | NOM MODERNE |
|---|---|---|---|
| 44 | 164 | Zizyphus. Jujubier. | Zizyphus vulgaris. |
| | 165 | Pas d'étiquette. | Teucrium montanum. |
| | 166 | Ptarmica. | Achillea ptarmica. |
| | 167 | Melilotus purpurea (Onobrychis Dod. Gesner). | Onobrychis sativa. |
| 45 | 168 | Filix femina (Grand Pteris mâle de Theophr., Diosc. Pline.) | Pteris aquilina. |
| | 169 | Ulmaria. | Spiraea ulmaria. |
| | 170 | Rapunculus minor. | Campanula rotundifolia. |
| | 171 | Nasturtium silvestre. | Lepidium graminifolium. |
| | 172 | Nummularia, Centummorbia. | Lysimachia nummularia. |
| 46 | 173 | Siler montanum majus (Thalictrum minus Dod. Ger.) | Thalictrum flavum. |
| | 174 | Viola silvestris. | Viola stagnina. |
| | 175 | Saxifraga species (Bupleurum angustifolium Dod. Lobel). | Bupleurum falcatum. |
| | 176 | Pes leonis (Alchimilla Trag. Dod. Pena Lob. Caes). | Alchimilla vulgaris. |
| 47 | 177 | Ruscus, Brusca. | Ruscus aculeatus. |
| | 178 | Valeriana vulgaris. | Valeriana officinalis. |
| | 179 | Laureola. | Daphne laureola. |
| | 180 | Balsamina mas. | Momordica balsamina. |
| | 181 | Siler montanum majus (Thalictrum Dod.). | Thalictrum majus. |
| 48 | 182 | Cardiaca, Lycopus (dénomination erronée). | feuille indéterminée. |
| | 183 | Panis porcinus (Cyclaminos Diosc. Pline). | Cyclaminos europaeus. |
| | 184 | Malva arborescens. | Lavatera arborea. |
| 49 | 185 | Seseli massiliense (feuille). | indéterminé. |
| | 186 | Seseli peloponnesiacum. | Libanotis montana. |
| | 187 | Cauda equina mas (Equisetum palustre Lobel). | Equisetum palustre. |
| | 188 | Flammula vera | Clomatis recta. |
| 50 | 189 | Eryngium marinum. | Eryngium maritimum. |
| | 190 | Angelica silvestris, radix sancti Spiritus (Sium sive Apium palustre Fuchs, Gesn. Dal.). | Berula angustifolia. |
| | 191 | Lepidium (L. magnum Fuchs, Cordus). | Lepidium latifolium. |
| | 192 | Æthiopis. | Salvia aethiopis. |
| | 193 | Doronicum, Petasites odorum (Aconitum pardalianches Matth. Dal.) | Doronicum pardalianches. |

| N° de la feuille | N° de la plante | NOM ÉCRIT DANS L'HERBIER | NOM MODERNE |
|---|---|---|---|
| | 194 | Tithymalus myrsinites. | Euphorbia myrsinitis. |
| 51 | 195 | Acanthus, Branca ursina (Acanthus mollis Virgile). | Acanthus mollis. |
| | 196 | Polygonatum, Sigillum Salomonis angustifolium Caesalpin, Epipactis latifolia Bosler.) | Epipactis latifolia. |
| | 197 | Artemisia monoclonos (Daléchamps). | Ambrosia maritima. |
| | 198 | Tribulus marinus Dal. (Crithmum spinosum Dod. Tab. Ger.). | Echinophora spinosa. |
| | 199 | Geranium (G. cicutifolium Plinei. | Erodium cicutarium. |
| | 200 | Botrys. | Chenopodium botrys. |
| 52 | 201 | Targo (Abrotonum campestre Tab. Ger.) | Artemisia campestris *variété*. |
| | 202 | Doronicum romanum (feuille). | indéterminé. |
| | 203 | Tithymali species (Tithym. verrucosus Dal.). | Euphorbia verrucosa. |
| | 204 | Solanum Mandragora. | Belladona baccifera. |
| | 205 | Barba caprae. | Spiraea aruncus. |
| 53 | 206 | Levisticum Brunf. Lobel, Hipposelinum silvestre. | Levisticum officinale. |
| | 207 | Carpinus (Evonymus Matth. Gesn.). | Evonymus europaeus. |
| | 208 | Raphanus (feuille). | Cochlearia armoracia. |
| | 209 | Sanguisorba (Chamaedrys Diosc. Pline). | Veronica chamaedrys. |
| | 210 | Fructus indicus. | indéterminé. |
| | 211 | Anticora. | Seseli gummiferum. |
| 54 | 212 | Herba tinctorum (Genista tinctoria Dod.). | Genista tinctoria. |
| | 213 | Mandragora. | Belladona baccifera. |
| | 214 | Sanguisorba, Pimpinella major. | Sanguisorba officinalis. |
| | 215 | Dens leonis. | Taraxacum Dens leonis. |
| | 216 | Thlaspi species. | l'échantillon manque. |
| 55 | 217 | Pastinaca agrestis species. | Orlaya grandiflora. |
| | 218 | Conyza (Conyza aquatica Gesn. Thal.). | Pulicaria dysenterica. |
| | 219 | Pas d'étiquette. | Reseda phyteuma. |
| | 220 | Lithospermum, Milium solis (L. silvestre Trag. Fuchs, Dod.). | Lithospermum arvense *var.* incrassatum. |
| | 221 | Potamogiton. | Potamogiton natans. |
| 56 | 222 | Sigillum Salomonis latifolium. | Polygonatum vulgare. |
| | 223 | Lysimachia species. | Euphorbia lathyris. |
| | 224 | Iva moschata (Chamaedrys femina Dod. Caes. Dal.). | Teucrium botrys. |
| | 225 | Scabiosa species. | Scabiosa columbaria. |

| N° de la feuille | N° de la plante | NOM ÉCRIT DANS L'HERBIER | NOM MODERNE |
|---|---|---|---|
| 57 | 226 | Gallium. | G. erectum. |
| | 227 | Verbena recta. | Lycopus europaeus. |
| | 228 | Atractylis minor, Carthamus agrestis (Carlina vulgaris Dod. Clus.). | Carlina vulgaris. |
| | 229 | Rhamnus secundus Matth. Dod. | Hippophaes rhamnoideum. |
| 58 | 230 | Polytrichum Caes.(Trichomanes Diosc.) | Asplenium trichomanes. |
| | 231 | Mentha rubra. | Mentha rubra. |
| | 232 | Mentha vera. | Mentha sativa. |
| | 233 | Foeniculum marinum (Crithmon Diosc.) | Crithmum maritimum. |
| | 234 | Pas d'étiquette. | Olea europaea. |
| | 235 | Pedicularis altera (feuille). | indéterminé. |
| 59 | 236 | Ambrosia Matth. Dal. (Abrotonon campestre. Cam. Ger.). | Artemisia campestris *variété*. |
| | 237 | Crocus (C. vernus Clus.). | Crocus vernus. |
| | 238 | Cistus mas, Ladanum marinum mas. | Cistus albidus. |
| | 239 | Hedera terrestris species. | Veronica agrestis. |
| | 240 | Securidaca (échantillon cassé). | indéterminable. |
| | 241 | Piper (*dénomination erronée*). | Myrtus communis. |
| | 242 | Cistus femina, Ladanum marinum. | Cistus salvifolius. |
| 60 | 243 | Cedrus. | Thuya. |
| | 244 | Allium silvestre (échantillon cassé). | indéterminable. |
| | 245 | Tormentilla. | Potentilla tormentilla. |
| | 246 | Anemone silvestris. | Pulsatilla rubra. |
| | 247 | Bellis (échantillon cassé). | indéterminable. |
| | 248 | Sideritis tertia (*dénom. erronée*). (Scrophularia Ruta canina Pena Lob. Dal.) | Scrophularia canina. |
| 61 | 249 | Scabiosa species. | Knautia arvensis. |
| | 250 | Sonchus cicerbita, Laiteron. | Sonchus oleraceus. |
| | 251 | Ranunculus. | Ranunculus repens. |
| | 252 | Geranium prima species. | Geranium rotundifolium. |
| 62 | 253 | Pastinaca, Staphylinos. | Pastinaca sativa. |
| | 254 | Eupatorium (cassé). | indéterminé. |
| | 255 | Amygdalus arbor. | indéterminé. |
| | 256 | Stellaria (Mollugo Dod. Dal.). | Galium mollugo. |
| 63 | 257 | Vitis alba, Ampelos leuce. | Bryonia dioeca. |
| | 258 | Scrophularia minor (Ficaria Brunf.). | Ficaria ranunculoidea. |
| | 259 | Ranunculus, Batrachium silvestre. | Ranunculus acris. |
| | 260 | Cauda vulpina (Alectorolophos Ang.). | Rhinanthus glaber. |
| 64 | 261 | Pas d'étiquette. | Astragalus glycyphyllus. |
| | 262 | Artemisia species (*dénomination erronée* (Jacobaea altera Dod.). | Senecio crucifolius. |

| N° de la feuille | N° de la plante | NOM ÉCRIT DANS L'HERBIER | NOM MODERNE |
|---|---|---|---|
| | 263 | Pas d'étiquette (Valeriana palustris minor Lob. Dod. Dal.). | Valeriana dioeca. |
| | 264 | Lysimachia purpurea (Lithosp. alterum Ang.). | Lithospermum purpureocaeruleum. |
| | 265 | Pas d'étiquette. | Polygala vulgare. |
| | 266 | Ruta (R. graveolens hortensis Dod.). | Ruta graveolens. |
| 65 | 267 | Barba hirci (Tragopogon Théophr. Diosc. Pline). | Tragopogon pratensis. |
| | 268 | Pas d'étiquette. | Angelica silvestris. |
| | 269 | Gallitrichum (Sclarea hortensis Matth. Gesner). | Salvia sclarea. |
| | 270 | Pas d'étiquette (Senecio foetidus Gesn. Dal.). | Senecio viscosus. |
| | 271 | Pas d'étiquette. | Hippocrepis comosa. |
| 66 | 272 | Nepeta Trag. (Herba cattaria Matth.). | Nepeta cataria. |
| | 273 | Pas d'étiquette. | Lithospermum officinale. |
| | 274 | Psyllium. | Plantago psyllium. |
| | 275 | Veronica. | Veronica teucrium. |
| 67 | 276 | Platanus latifolius, Sycomorus arbor. | Acer pseudoplatanus. |
| | 277 | Absinthium vulgare *(dénom. erronée)*. | Pyrethrum corymbosum. |
| | 278 | Myrtillus. | indéterminé. |
| | 279 | Ammi. | Ammi majus. |
| | 280 | Taxus, If. | Taxus baccata. |
| 68 | 281 | Priapeia (Nicotiana Lon. Dal.). | Nicotiana tabaca. |
| | 282 | Siliquastrum arbor. | Cercis siliquastrum. |
| | 283 | Pistacia arbor. | Pistacia terebinthus. |
| | 284 | Capsa. | Zygophyllum fabago. |
| 69 | 285 | Been rubrum. | Silene conica. |
| | 286 | Paeonia mas media. | Paeonia peregrina. |
| 70 | 287 | Seseli aethiopicum Diosc. | Bupleurum fruticosum. |
| | 288 | Consiligo Plinii. | Falcaria Rivini. |
| 71 | 289 | Lupinus (fruit). | Lupinus. |
| | 290 | Cytisus. | Cytisus laburnum. |
| | 291 | Anthemis. | Anthemis tinctoria. |
| | 292 | Glastum. | Chrysanthemum segetale. |
| 72 | 293 | Seseli peloponnesiacum. | Laserpitium latifolium. |
| | 294 | Seseli massiliense. | Peucedanum cervarium. |
| | 295 | Asparagus silvestris, Corruda. | Asparagus acutifolius. |
| | 296 | Tamarix. | Tamarix gallica. |
| | 297 | Carthamus. | Carthamus tinctorius. |

| N° de la feuille | N° de la plante | NOM ÉCRIT DANS L'HERBIER | NOM MODERNE |
|---|---|---|---|
| 73 | 298 | Androsaemum. | Hypericum androsaemum. |
|  | 299 | Teucrium majus. | Teucrium fruticans. |
|  | 300 | Lotus arbor (L. celtis Dal.). | Celtis australis. |
| 74 | 301 | Laserpitium (Ostruthium Dod. Lon.). | Imperatoria ostruthium. |
|  | 302 | Stellaria (Asperula odorata Dod.). | Asperula odorata. |
|  | 303 | Sanicula. | Sanicula europaea. |
| 75 | 304 | Nigella romana (N. damascena Trag. Cord.). | Nigella damascena. |
|  | 305 | Semen massiliense. | Pastinaca sativa. |
|  | 306 | Paliurus. | Paliurus aculeatus. |
| 76 | 307 | Gramen variegatum. | Phalaris variegata. |
|  | 308 | Acetosella. | Rumex acetosellus. |
|  | 309 | Cruciata. | Galium cruciatum. |
|  | 310 | Platanus (fruit). | Acer pseudoplatanus. |
| 77 | 311 | Polemonium (P. monspeliensium Pena Lob. Dal.; Trifolium fruticans Dod.). | Jasminum fruticans. |
|  | 312 | Cicuta (l'échantillon manque). | |
|  | 313 | Pas d'étiquette (Veronica mas Fuchs, Lon. Dod. Dal.). | Veronica officinalis. |

Désireux de savoir ce que devint ultérieurement notre compatriote Jehan Girault, nous nous sommes mis à sa poursuite et
nous croyons l'avoir atteint. Notre étudiant en chirurgie serait
allé à Paris pour s'y perfectionner sous la direction d'un habile
professeur nommé Richard Hubert, et il aurait ensuite acquis
une grande réputation comme lithotomiste. C'est à lui, suivant
nous, que s'applique la mention suivante insérée dans l'*Index
funereus chirurgorum parisiensum ab anno* 1315 *ad annum* 1729 : « *Joannes Girault, lithotomus fama insignis, obiit
maii anni* 1608 ». Par conséquent, si notre opinion est fondée,
et en admettant que Girault avait vingt ans en 1558 alors qu'il
faisait un herbier, après avoir suivi les leçons de Jacques Daléchamps et pendant qu'il étudiait la Chirurgie sous « monsieur
Canappe, » il serait mort à Paris à l'âge de 70 ans. Quelques
explications sont nécessaires pour l'intelligence du titre de *lithotomus fama insignis* qui lui est donné dans le susdit Obituaire.

On sait qu'un chirurgien nommé Germain Colot introduisit en
France une opération qu'il avait vu pratiquer en Italie, nous

voulons parler de la taille périnéale pour extraire les calculs vésicaux. Il garda le secret du procédé et le transmit à son fils, Laurent Colot, lequel fut nommé, en 1556, lithotomiste royal (1). Philippe Colot succéda à son père Laurent dans la fonction d'opérateur du Roy ; mais craignant que le secret possédé par lui seul ne se perdît par le fait d'une mort imprévue ; trouvant d'ailleurs trop pesante la tâche d'opérateur, à cause du grand nombre des malades et des obligations que lui imposait sa fonction de chirurgien du roy Henri IV, il se décida à initier deux jeunes chirurgiens à la connaissance de son procédé d'extraction des calculs vésicaux. L'un de ces chirurgiens fut Jean Girault, à qui il donna sa fille aînée en mariage, à condition qu'il instruirait son fils François, encore enfant. Philippe Colot eut lieu de se féliciter de la détermination qu'il avait prise, car quelques années après il eut besoin de subir lui-même l'opération dont il avait confié le secret à Girault. Après la mort de Philippe, une association fut établie entre François Colot, Jean Girault et Jacques Girault, fils de Jean Girault.

L'autre jeune chirurgien initié par Philippe Colot à la connaissance du procédé de taille périnéale fut Severin Pineau de Chartres, cité aussi dans l'*Index funereus* : « *Severin Pineau carnotensis* (de Chartres), *lithotomus insignis, tres dissertationes scripsit lingua vernacula super calculi e vesica extrahendi inventionem et operationem. Obiit Collegii Decanus*, 29 *novemb. anni* 1619 ». Par cette citation, on voit que Pineau divulgua l'art d'extraire les calculs de la vessie et mourut comblé d'honneurs. Au contraire, dit Quesnay dans son *Histoire de*

---

(1) L'appellation *lithotomiste* est tout à fait impropre. L'opération de la taille consiste à couper l'urèthre (*uréthrotomie*) comme le faisaient les Colot et leur associé Jean Girault, ou la vessie (*cystotomie*) à travers le périnée suivant le procédé autrefois décrit par Celse, ou à travers la région sus-pubienne d'après la méthode de Franco, afin de pratiquer l'extraction (*exérèse*) des calculs vésicaux. L'emploi si malheureusement fait par les chirurgiens du mot *lithotomie*, au lieu de lithéxérèse, est la conséquence d'une fausse interprétation d'un passage de la *Médecine* de Celse, dans lequel il est dit que lorsque, après avoir incisé la vessie, on constate que la pierre est trop grosse pour être extraite, il faut la fendre en deux au moyen de l'instrument imaginé par Ammonius, lequel reçut, à cause de cette invention, le surnom de *lithotomos*. Comme on le voit, la *cystotomie* et la *lithotomie*, dont la *lithotripsie* des modernes est une variante perfectionnée, étaient déjà connues des anciens chirurgiens de la Grèce et de l'Italie. On a sans doute remarqué que nous disons *lithotripsie*, et non *lithotritie*, parce que ce dernier mot viole la règle qui défend l'association d'un substantif grec avec un participe latin.

*l'origine et des progrès de la Chirurgie en France* (in-4° Paris,
1749, p. 261), « Jean Girault s'abstint de dévoiler le secret des
Colot dont il était dépositaire et n'en fit aucune mention dans le
*Traité des opérations* publié à Paris un an et demi après sa
mort, en 1610 dans la seconde édition de la Chirurgie française
de Daléchamps (in-4°, 664 pages). Ce *Traité des opérations*
est un monument de son adresse et de son scavoir, il prouve
que Jean Girault ne brillait pas seulement par le talent mé-
chanique mais encore par les qualités de l'esprit. »

François Colot survécut à Jean Girault; On lui attribue un
Traité de l'*Opération de la taille* trouvé, dit-on, dans ses pa-
piers et qui ne fut publié que longtemps après sa mort, en 1727.
Nous en avons extrait quelques renseignements sur les motifs
qui déterminèrent François Colot à prendre pour collaborateurs
Girault et Severin Pineau (1).

Nous venons de dire que Jean Girault avait voulu que son
*Traité des opérations* fût joint à la *Chirurgie française* de Daléchamps. Ce fait fournit, à notre avis, une grave présomption
en faveur de l'identité du célèbre lithotomiste avec Jean Girault
qui, en 1558, faisait un herbier sous la direction de Jacques
Daléchamps et étudiait la Chirurgie « sous monsieur Canappe ».
Nous savons d'ailleurs que l'associé et successeur des Colot
était uni à Daléchamps par les liens d'une sincère amitié, comme
le dit l'abbé Joly dans ses *Éloges de quelques auteurs français*

---

(1) Dans l'ouvrage posthume attribué à François Colot, le nom de Girault
est écrit *Gyrault*. Cette variante n'a pas d'importance, car on sait combien
était fréquente autrefois la permutation de l'*i* en *y*. Une autre différence,
plus grave en apparence, est l'attribution du prénom *Restitut* au lieu de
celui de Jean. Suivant nous, et en admettant qu'il n'y a pas eu d'erreur com-
mise par les éditeurs du *Traité de l'opération de la taille*, il est présumable
que Girault, de même qu'un grand nombre d'individus s'appelant Jean-Jac-
ques, Jean-Pierre, Jean-Marie, etc., avait deux prénoms : Jean Restitut.
L'omission du premier ne peut jeter aucune incertitude relativement à l'identité du collaborateur de François Colot, dénommé par celui-ci Restitut
Gyrault et par tous les autres historiens, Jean Girault. A plus forte raison
n'y a-t-il pas lieu de s'inquiéter de deux fautes typographiques que Haller a
laissé subsister, par inadvertance, dans sa *Bibliotheca chirurgica*, où le
nom de notre chirurgien est écrit *J. Gerault* aux pages 224 et 225 du tome I,
puis *Henri Girauld* à la page 650 de la table qui termine le tome II. Toutefois, il est bon de constater que dans le texte principal le nom de Jean
Girault est correctement orthographié à la page 287 du tome I<sup>er</sup>. Enfin, pour
qu'il ne reste aucun doute relativement à l'orthographe du nom de notre
chirurgien, nous rappelons le titre de l'ouvrage publié en 1610, à la suite de
la *Chirurgie française*, de Daléchamps : *Traicté des opérations particu-
lières, facilitées et éclaircies par Maistre Jean Girault, maistre chirurgien
juré, à Paris.*

5

(Dijon, 1742, p. 350) : « Daléchamps eut de son vivant beaucoup d'admirateurs et amis. Parmi ces derniers il faut citer surtout les fameux chirurgiens Ambr. Paré, Jacques Roy, Jean Riolan et Jean Girault. Celui-ci inséra son *Traité des opérations* à la suite de la *Chirurgie française*, publiée à Paris en 1610 (1). »

Une seconde présomption en faveur de notre thèse, résulte de l'absence du nom de Girault dans la liste des chirurgiens lyonnais de la seconde moitié du XVI<sup>e</sup> et du commencement du XVII<sup>e</sup> siècle. De sorte que, vraisemblablement, le jeune Jean Girault n'a pas exercé son art dans la ville où il avait fait ses études chirurgicales. Aussi, trouvant un Jean Girault parmi les chirurgiens de Paris, nous avons cru pouvoir, sans trop de témérité, le revendiquer comme nôtre.

La démonstration serait singulièrement facilitée si l'auteur de l'Obituaire des chirurgiens de Paris avait eu soin d'ajouter au nom de Jean Girault l'épithète de *lugdunensis* qu'il a jointe aux noms de trois autres chirurgiens, Fabian Garde, chirurgien du Roy, mort le 9 mai 1616, Charles Serres, mort le 20 août 1659 et Georges Bouclier, mort le 20 octobre 1702. Par une exception regrettable, aucune indication n'est donnée relativement à la patrie de J. Girault, alors que le lieu de naissance de presque tous les chirurgiens de Paris est mentionné (2).

---

(1) La *Chirurgie française*, de Daléchamps, contient une traduction du livre VI de la *Chirurgie*, de Paul d'Ægine, suivie de longs commentaires tirés en partie des œuvres d'Hippocrate, de Galien, de Celse, d'Aétius, d'Avicenne, d'Albucasis, de Guy de Chauliac, d'Ambroise Paré, de Lanfranc, de Castellan et de Claude Charpentier. La plupart des figures sont empruntées à Ambroise Paré. Il est probable que tous les paragraphes intitulés « autres annotations » ont été composés par l'éditeur. Il est d'ailleurs certain qu'ils n'ont pas été écrits par Daléchamps, lequel n'aurait pas pu dire : Je renvoyerai le lecteur studieux au commentaire qu'en a faict le docte Daléchamps (p. 477) ; — il n'y a rien icy d'oublié, tant de la part de l'autheur que du très docte interprète (p. 518) ; — le docte Daléchamps a faict un excellent traicté des fractures (p. 538).

Le *Traicté des opérations*, qui termine la *Chirurgie française* (p. 625 à 656), est entièrement de la main de maistre Jean Girault. Il contient la description du procédé imaginé par Girault pour opérer la fistule à l'anus, puis celle d'un instrument propre à cautériser la fistule lacrymale, d'un autre pour la paracentèse abdominale, de ceux qu'employait Girault pour l'opération du bec-de-lièvre, d'une aiguille à séton, d'un *speculum oris* et enfin du *speculum* vaginal d'Honoré Barbier.

(2) En lisant cette liste, nous avons remarqué, non sans quelque étonnement, que malgré la lenteur et la difficulté des moyens de communication à cette époque, la plupart des chirurgiens de Paris étaient originaires des diverses provinces de la France. Il en était venu de Mézières, Pont-à-Mousson, Nancy, Langres, Reims, Dijon, Besançon, Verdun, Chalon-sur-Saône,

## Herbier de Césalpin.

L'herbier de Césalpin porte la date de 1563. Il fut fait en deux exemplaires dont l'un, offert au grand duc de Toscane Côme I, a été perdu. L'autre, dédié à Alphonse Tornabuoni, évêque de Florence, passa d'abord à la famille Pandulphi et resta inconnu jusqu'en 1717, époque à laquelle le botaniste florentin, Micheli, le découvrit dans la bibliothèque du palais Pandulphi. Micheli inscrivit, au-dessous des noms grecs et latins écrits par Césalpin, les dénominations employées dans les *Institutiones rei herbariae* de Tournefort et composa une notice descriptive qu'on n'a jamais publiée. L'herbier de Césalpin retomba de nouveau dans l'oubli et fut une seconde fois découvert, en 1818, par Octave Targioni, dans la bibliohèque des Nencini, héritiers des Pandulphi. Il fut acheté pour la bibliothèque palatine de Toscane et enfin transporté, en 1844, au Musée d'histoire naturelle de Florence. Par les soins de Parlatore, les plantes furent empoisonnées et distribuées en trois volumes en laissant un feuillet blanc à la suite de chaque page.

Sauf quelques dégâts faits par les insectes parasites, la plupart des plantes sont bien conservées et faciles à reconnaître. Ce sont des espèces récoltées en diverses parties de la Toscane et quelques plantes cultivées dans les jardins. L'herbier se compose de 260 feuillets in-folio numérotés et portant 768 plantes collées sur le papier. A côté de chaque échantillon, Césalpin a écrit le nom grec, le nom latin et le nom italien. Sur la première page est une lettre en italien adressée par Cesalpino (1) à Alphonse Tornabuoni. L'auteur explique que la collection des plantes sèches qu'il offre à Tornabuoni contient les spécimens de toutes les espèces mentionnées dans son Traité *de plantis*; puis il justifie la classification et la nomenclature adoptées par lui.

---

Mâcon, Lyon, Vienne, Grenoble, Brignoles, Aix, Arles, Avignon, Beaucaire, Montpellier, Toulouse, Rodez, Condom, Bayonne, Bordeaux, le Mans, Angers, Poitiers, Limoges, Orléans, Tours, Bourges, Chartres, Chateaudun, Nantes, Rouen, Harfleur, Valogne, Avranches, Caen, Pont-l'Evêque, Beauvais, Senlis, Meaux, Noyon, Laon, Soissons, St-Quentin, Amiens, Péronne, Boulogne-sur-Mer, etc., etc. Nous avons même noté deux Ecossais, un Anglais et un Milanais. Il est juste d'ajouter que dans la liste il y a aussi des Parisiens de Paris.

(1) C'est à tort que quelques auteurs écrivent Cesalpini le nom du célèbre naturaliste d'Arezzo. On a deux lettres de lui portant la signature *Cesalpino*.

A la suite de cette lettre, se trouvent deux tables par ordre alphabétique contenant, la première les noms grecs, la seconde les
noms latins et italiens avec l'indication des numéros correspondants des feuillets de l'herbier.

L'ordre suivant lequel les plantes sont distribuées nous paraît
pouvoir être indiqué de la manière suivante par rapport aux
familles naturelles de la nomenclature moderne, à l'exception
des numéros 1 à 63, lesquels appartiennent à des arbres et
arbrisseaux, formant une première classe, suivant la tradition Théophrastique.

| | |
|---|---|
| 1 à 63 Arbres et arbustes. | 497—503 Gentianées. |
| 64—108 Ombellifères. | 504—508 Fumariées, Papavéracées. |
| 110—114 Valérianées. | 513—518 Apocynées, Asclépiadées. |
| 119—129 Borraginées. | 519—522 Onagrariées. |
| 132—160 Polygonées, Chénopodiées, Salsolacées, Urticées, Plumbaginées, Paronychiées. | 523—528 Convolvulacées. |
| | 532—558 Crucifères. |
| | 559—563 Rubiacées. |
| | 577—594 Euphorbiacées. |
| 164—170 Mousses, Lycopodiacées, Equisetées. | 595—624 Liliacées, Amaryllidées. |
| | 625—631 Orchidées. |
| 171—258 Composées, Dipsacées. | 632—637 Hypericinées. |
| 259—278 Graminées. | 645—662 Violariées, Résédacées, Cistinées, Oxalidées, Linées, Capparidées, Nymphacacées. |
| 279—291 Cypéracées, Joncées, Typhacées. | |
| 292—351 Labiées. | |
| 366—384 Daphnoïdées, Smilacées, Aroïdées. | 666—671 Campanulacées. |
| | 672—682 Rosacées. |
| 386—402 Solanées. | 688—697 Malvacées. |
| 403—419 Silénées, Alsinées. | 700—726 Renonculacées. |
| 420—429 Primulacées, Plantaginées. | 728—734 Geraniées. |
| 430—462 Papilionacées. | 771—750 Crassulacées. |
| 463—492 Verbascées, Scrophulariées. | 753—768 Fougères et Algues. |
| 493—495 Saxifragées. | |

Les numéros omis dans la précédente liste correspondent à
des plantes que Césalpin n'a pas su grouper suivant leurs affi-
nités naturelles. A part ces irrégularités peu nombreuses, l'herbier du botaniste d'Arezzo est remarquable par son ordonnance
systématique et dénote un esprit généralisateur qui manquait
aux autres botanistes du XVI° siècle (1). Pour plus amples détails, nous renvoyons à l'excellente Notice de M. Caruel, déjà
citée page 1.

---

(1) Les physiologistes savent que Césalpin a démontré, par la dissection,
un fait biologique dont Michel Servet avait eu l'intuition, ainsi qu'on le voit
par une phrase intercalée, on ne sait pourquoi, dans le traité théologique *De*

## HERBIER DE RAUWOLF.

La quatrième collection de plantes sèches est, suivant l'ordre
chronologique, celle de Rauwolf. Elle se recommande à l'atten-
tion des botanistes par plusieurs mérites qu'il importe de faire
ressortir. En premier lieu, elle a été préparée avec un tel soin
que la plupart des échantillons, après 325 années, semblent
avoir été récemment cueillis. Aussi a-t-elle excité l'admiration
de tous les connaisseurs parmi lesquels nous citerons Morison,
Ray, Plukenet, Bobart et Breyn. Dans une lettre écrite en 1692
à Jean Ray, Hatton assure qu'un anglais sollicita Isaac Vossius,
qui en était l'heureux possesseur, de la lui céder moyennant
400 livres Sterling (10000 fr.), somme énorme pour l'époque. Il
n'est personne, même parmi les moins connaisseurs, qui, en
voyant ces magnifiques volumes, ne déclare aussitôt qu'il est
impossible d'en trouver de plus précieux (1).

Parmi les quatre volumes de l'herbier de Rauwolf, il en est

---

*Trinitatis erroribus*, lib. VII (Basileae. 1531), nous voulons parler du mou-
vement du sang qui, chassé du ventricule droit du cœur dans l'artère pulmo-
naire, traverse les poumons et revient par les veines pulmonaires à l'oreillette
gauche. Le passage suivant des *Questiones peripateticae*, de Césalpin (lib. V,
cap. IV, fol. 125), ne laisse aucun doute à cet égard : « Ideirco pulmo per
venam arteriis similem ex dextro cordis ventriculo sanguinem hauriens,
eum per anastomosim arteriae venali reddens, quae in sinistrum cordis ventriculum tendit. Huic sanguinis *circulationi* ex dextro cordis ventriculo per
pulmones in sinistrum ejusdem ventriculum *optimè demonstrant ea quae
dissectione apparent.*
Dans son traité *de Plantis* (lib. I, cap. 2, 1583 Florentiae), Césalpin,
comparant les végétaux aux animaux, dit que chez ceux-ci le sang est porté
par les artères dans toutes les parties du corps, et il y a lieu de croire, bien
qu'il ne le répète pas, que le fait est, suivant lui, démontré par la dissection
des vaisseaux sanguins : « Nam in animalibus videmus alimentum per venas
duci ad cor tanquam ad officinam caloris insiti, et adepta ultima perfectione,
*per arterias in universum corpus distribui.* » — Il était réservé à l'illustre
Harvey de compléter la théorie de la circulation du sang en démontrant que
le sang revient, par les veines, de toutes les parties du corps, jusque dans
l'oreillette droite. — *Exercit. duo anat. de circul. sang.* Rot., 1649. — *De
motu cordis et sanguinis circulo exercit. anat.* London, 1660.
En rappelant la part de Césalpin dans la découverte de la circulation du
sang, nous avons voulu prouver que les faiseurs d'herbiers ne sont pas tous
des *simples*, comme le disait un jour un célèbre astronome français, qui
ne se gênait pas pour déclarer en quelle mince estime il tenait les botanistes et la Botanique.
(1) I have heard Isaac Vossius declare above 400 L. Sterling had been
offer'd for the 4 specious Volumes he had of dried Plants collected by Rauwolfius ; and to most Strangers, who came to see his deservedly famed
Library, he constantly shew'd those amongst his other most valuable Books.

un, en particulier, qui avait un prix inestimable au XVI<sup>e</sup> siècle parcequ'il renfermait les plantes rapportées par Rauwolf de la Syrie, de la Judée, de l'Arabie, de la Mésopotamie, de l'Assyrie et de l'Arménie, contrées dont la végétation était presque complètement inconnue des botanistes. Il est vrai que déjà, en 1555, dans son livre intitulé : « *Observations de plusieurs singularitez et choses mémorables trouvées en Grèce, Asie, Judée, Egypte, Arabie, et autres pays estranges* », Pierre Belon avait cité les noms de 275 plantes de l'Orient, mais il n'avait donné aucune description et il n'avait rapporté de son voyage que quelques graines.

Enfin, l'herbier de Rauwolf est beaucoup mieux connu que celui d'Aldrovandi, attendu que les plantes orientales qui composent le quatrième volume ont été énumérées par Gronovius dans un livre imprimé à Leide, en 1755, sous le titre de « *Flora orientalis, sive recensio plantarum quas botanicorum coryphaeus Leonhardus Rauwolfius medicus augustanus annis,* 1573, 1574 et 1575, *observavit et collegit, earumdemque specimina nitidissime exsiccata et chartae adglutinata in volumen relulit.* »

A cause des motifs que nous venons d'énumérer, nous croyons qu'il ne sera pas sans intérêt de donner quelques détails sur la vie de Rauwolf et sur la collection de plantes qu'il a formée. Rauwolf est né à Augsbourg (1). De 1560 à 1563 il visita la Savoie, le Genevois, le Lyonnais et le Dauphiné, puis la Provence, le Languedoc et l'Auvergne. Les plantes qu'il récolta pendant ce voyage forment les deux premiers volumes de son herbier.

En 1563, il passa en Italie, visita Padoue, Vérone, Mantoue, Ferrare, Bologne, Florence, Modène, Plaisance, Parme, puis il franchit le Gothard, parcourut les pays de Lucerne, de Zurich, de Bâle, et enfin le Schwarzwald. Les 200 plantes récoltées durant ce second voyage forment le troisième volume de l'herbier.

Au mois de mai 1573, il s'embarqua à Marseille et aborda en Syrie où il parcourut la contrée de Tripoli, de Damas et d'Alep,

---

(1) Suivant une coutume adoptée par plusieurs naturalistes du XVI<sup>e</sup> siècle, et notamment par Bock, qui avait hellénisé son nom en *Tragus* (bouc), Rauwolf avait pris le surnom de *Dasylycus* (loup hérissé).

puis la Mésopotamie. A partir de Birra il suivit le cours de l'Euphrate jusqu'à Racha. Après avoir traversé les déserts de l'Arabie, il passa à Schara, Ana, Hadid, Juppe, Idt et enfin arriva à Elugo, ville bâtie sur l'emplacement de l'antique Babylone. Ensuite il alla à Bagdad, Scherb, Schilb, Tauck, Carcuck, Harpel et Mossoul près des ruines de Ninive, revint d'Assyrie en Mésopotamie, puis, retourna à Tripoli. De là, il explora le Liban, les territoires de Jaffa, de Rama, de Jérusalem et de Bethléem et, pour la troisième fois, les environs de Tripoli. Enfin il s'embarqua pour Venise et rentra à Augsbourg où, après avoir exercé la médecine pendant 32 ans, il mourut en 1596.

La relation de son voyage, écrite d'abord en dialecte souabe, fut traduite en latin sous le titre de : « *Hodoeporicum sive itinerarium Orientis in Syriam, Judaeam, Arabiam, Mesopotamiam, Babyloniam, Assyriam, et Armeniam*. L'édition latine est très rare, ce que nous regrettons d'autant plus que, suivant Melchior Adam, elle contenait en appendice une *Histoire des plantes du Lyonnais*. Nous connaissons deux traductions en allemand, une en anglais, et une quatrième, très défectueuse, en langue hollandaise. La seconde édition allemande est la meilleure et a été imprimée, en 1583, à Lauhingen, en un volume in-4° de 487 pages avec préface de 22 feuillets. Elle est divisée en quatre parties dont la dernière contient la description d'un grand nombre de plantes et 42 figures sur bois qui, à l'exception de quatre, sont assez exactes et artistement dessinées.

L'herbier de Rauwolf, après être resté cent ans inconnu à Augsbourg, fut enlevé par les Suédois pendant la guerre de Trente Ans et donné à la reine Christine. Celle-ci en fit présent à Isaac Vossius, lequel l'emporta en Angleterre, puis à la Haye. Enfin, les héritiers de Vossius le vendirent à la ville de Leide qui le possède encore actuellement et ne paraît pas disposée à s'en dessaisir, quel que soit le bénéfice offert sur le marché conclu autrefois par ses intelligents magistrats avec les descendants de Vossius (1).

----

(1) En écrivant ces mots, nous pensons à la ville d'Upsal, qui a laissé vendre à un Anglais, un vrai connaisseur, celui-là, l'herbier incomparable de Linné. On sait que cette collection se trouve actuellement à la Bibliothèque de la Société linnéenne de Londres.

Voici les renseignements qu'a bien voulu nous communiquer M. Boerlage, conservateur de l'herbier de l'État, à Leide :

La collection de Rauwolf se compose de quatre volumes in-folio, contenant 972 plantes, dont 634 récoltées de 1560 à 1563, en France, en Savoie, en Suisse et en Italie, sont renfermées dans les trois premiers volumes. Les échantillons sont collés sur les deux faces des feuillets. Les 338 autres plantes ont été récoltées de 1573 à 1575, pendant le voyage de Rauwolf en Orient, et sont renfermées dans le quatrième volume. Celui-ci a une reliure en bois recouvert de cuir, avec coins et serrure en cuivre gravé. Les feuillets sont de papier très-épais, revêtu sur les marges de fortes bandelettes de papier marbré, de telle manière que les plantes sont enfermées dans une sorte de cadre offrant le double avantage de préserver les échantillons de toute lésion que pourraient faire les personnes qui ouvrent le volume et de produire une occlusion hermétique quand celui-ci est fermé. C'est sans doute ce mode de fermeture qui a empêché l'invasion des insectes et assuré la parfaite conservation des plantes. Les échantillons ont été fortement comprimés et collés solidement sur les feuillets.

Le titre est orné de plusieurs dessins coloriés, représentant, en haut Jésus à Gethsemané, en bas l'entrée du Christ à Jérusalem, à droite un médecin (est-ce le portrait de Rauwolf?) tenant une fleur à la main, à gauche un paysan occupé à bêcher la terre. Au-dessous de ces figures sont dessinées des corbeilles de fleurs, et enfin des anges sont représentés sur les quatre angles.

Au milieu est l'inscription suivante dont on remarquera l'orthographe archaïque :

« Vierte Kreutterbuech darcin vil schöne und frembde Kreutter durch den hochgelehrten Herrn Leonhard Rauwolf der Artzney Doctorn unnd der Stadt Augspürg bestellten Medicum gar fleissig eingelegt unnd aufgemacht worden. Welche er nit allain in Piemont umbt Nissa unnd in der Provincia umb Marsiglia sonder auch in Syria an dem Berge Libano auch durch Arabiam neben dem Fluesz Euphrate in Chaldea Assyria Armenia Mesopotamien unnd andern Orten in seinen mitt Gottes hilff volbrachten dreijarigen Rayzen mit groszer Muehe arbait gefehrligkkhait unnd uncosten berkhümen hat davon er auch

in seinem Rayszbuech so in dem Drück auszgegangen ist
meldung thuet. »

Geschchen nach der Geburt unseres Seligmachers Jhesu
Christi
MOLXXIII, LXXIIII und LXXV Jar.

Les feuillets sont numérotés et portent chacun un échantillon
au recto seulement.

Les espèces sont disposées suivant l'ordre chronologique de la
récolte, d'abord celles de Marseille, puis celles de Syrie, et ainsi
de suite.

En regard de chaque plante est écrit le nom latin, et souvent,
en outre, le synonyme en allemand, en français et en arabe,
avec l'indication de la localité et quelquefois le caractère de l'espèce. L'écriture est de la même main que celle du titre. On ne
saurait dire si elle est de Rauwolff, attendu qu'il ne reste aucun
autographe de ce botaniste ; toutefois cela nous paraît peu probable, parce que Rauwolf n'aurait pas osé s'appliquer à lui-
même l'épithète *hochgelehrt* (*doctissimus*) qu'on lit dans le
titre.

En raison de l'importance historique de la collection des
plantes orientales contenues dans le quatrième volume de
l'herbier de Rauwolf, nous présentons dans le tableau suivant
l'énumération des susdites plantes, d'après la *Flora Orientalis*
de Gronovius. Nous avons remplacé les phrases diagnostiques,
aujourd'hui inintelligibles, dont s'est servi Gronovius, par le
nom moderne, que nous avons mis dans la partie gauche du tableau. Dans la colonne du milieu, nous avons placé les dénominations employées par Rauwolf, et dans la partie droite du
tableau, l'indication de la provenance de chaque espèce. Pour
dresser cette liste avec une parfaite exactitude, il aurait fallu
que nous eussions sous les yeux l'herbier lui-même, afin de
rectifier les erreurs de détermination ou de synonymie qu'a pu
commettre Gronovius. Nous laissons cette dernière tâche au savant Conservateur des collections botaniques de Leide. Nous
savons d'ailleurs qu'il se propose de donner une description
complète des quatre volumes de l'herbier de Rauwolf. Nous
attendons avec impatience l'intéressante publication, qui nous
fera connaître, à l'aide de commentaires détaillés, le plus bel
herbier du XVIᵉ siècle.

## HORTUS SICCUS RAUWOLFII

| NOM MODERNE | NOM EMPLOYÉ PAR RAUWOLF | PROVENANCE DES PLANTES |
| --- | --- | --- |
| 1 Canna indica. | C. indica. | Vendu dans les bazars d'Alep. |
| 2 Amomum cardamomum | Cardamomlein. | Id. |
| 3 Costus arabicus. | C. syriacus, *Chast* des Syriens. | Antioche. |
| 4 Jasminum fruticans. | Trifolium fruticans. | Chemin de Brignole à Marseille. |
| 5 Phillyrea media. | Phillyrea. | Tripoli et Mont Liban. |
| 6 Olea europaea. | Olea. | Tripoli, Alep, le Liban, Rama, Bethléem. |
| 7 Gratiola officinalis. | Gratiola. | Marseille. |
| 8 Salvia horminum. | Horminum sativum. | Alep. |
| 9 S. ceratophylla. | H. foliis laciniatis. | Alep. |
| 10 S. acetabulosa. | Salvia peregrina. | Alep. |
| 11 Piper longum. | P. longum. | Vendu dans les bazars d'Alep. |
| 12 Centranthus ruber. | Valeriana rubra. | Marseille. |
| 13 Crocus sativus. | C. sativus. | Bagdad, île près du golfe phanatique. |
| 14 Gladiolus communis. | Gladiolus ou Xiphion. | Alep. |
| 15 Cyperus rotundus. | C. rotundus, en arabe *Soedt*, | Alep. |
| 16 C. esculentus. | *Dulcigini* des Vénitiens, *Habelassis* en Tripolitaine, *Altzolem* des Arabes. | Cultivé en Égypte, vendu dans les bazars de Tripoli. |
| 17 Scirpus mucronatus. | Juncus maritimus. | Littoral de Tripoli. |
| 18 Saccharum officinarum. | Ebosia canna, Canna mellis. | Tripoli. |
| 19 Andropogon nardus. | Spica nardi. | Mont des Oliviers. |
| 20 A. schœnanthus. | | Racka dans le désert d'Arabie. |
| 21 Avena sativa. | Avena. | Cultivé à Alep. |
| 22 Phragmites communis. | Syringes seu Fistularis de Dioscoride. | Employé comme plume à écrire par les Turcs et les Arabes. |
| 23 Donax arundinaceus. | Arundo longa. | Vendu dans les bazars d'Alep. |
| 24 Phalaris arundinacea. | Gramen arundinaceum. | Bagdad. |
| 25 Triticum hibernum. | Triticum. | Cultivé en Syrie. |
| 26 Hordeum distichon. | Hordeum. | Alep, rives de l'Euphrate, Mont Liban. |
| 27 Globularia alypum. | Alypum. | Mont Liban. |
| 28 Scabiosa cretica. | S. peregrina. | Tripoli. |
| 29 Rubia tinctorum. | *Ferberotte.* | Marseille. |
| 30 Plantago albicans. | Holostium monspeliense. | |

| NOM MODERNE | NOM EMPLOYÉ PAR RAUWOLF | PROVENANCE DES PLANTES |
|---|---|---|
| 31 P. psyllium. | Psyllium. | Marseille. |
| 32 P. lagopus. | Catanance Dioscoridis. | Marseille. |
| 33 Salix ægyptiaca. | S. peregrina, Eleagnos, *Safsaf* des Syriens, *Zarneb* des Arabes. | Alep. |
| 34 Elaeagnus. | *Seifefun* des Arabes. | Alep, Mont Liban. |
| 35 Cuscuta europaea. | | Parasite sur l'Hedysarum Agul. |
| 36 Hypecoum procumbens. | Cuminum silvestre. | Alep. |
| 37 Heliotropium europaeum. | H. majus. | Tripoli. |
| 38 Echium orientale. | Lycopsis Dioscoridis. | Alep. |
| 39 Onosma echioideum. | Pseudo anchusa Plinii. | Alep. |
| 40 Primula auricula. | Auricula ursi. | Veldkirch. |
| 41 Lysimachia vulgaris. | L. lutea. | Tripoli. |
| 42 Plumbago europaea. | Dentillaria. | Marseille. |
| 43 Convolvulus cneorum. | Cantabrica Plinii. | Tripoli. |
| 44 C. nil. | Campanula caerulea. | Cultivé à Alep dans les jardins. |
| 45 C. turpethum. | Turbith. | Vendu dans les baz. d'Alep. |
| 46 C. scammonia. | Scammonia. | Id. |
| 47 C. soldanella. | Brassica marina. | Littoral de Tripoli. |
| 48 Michauxia campanuloidea. | Medium Dioscoridis. | Mont Liban. |
| 49 Coffea arabica. | *Cahua* des Arabes. | Égypte. |
| 50 Hyoscyamus niger. | Dolkraut. | Murs de Tripoli. |
| 51 H. reticulatus. | H. Bilsemen. | Alep. |
| 52 H. albus. | H. albus, apollinaris. | Murs de Tripoli et d'Alep. |
| 53 Mandragora vernalis. | M. flore caeruleo. | Ile de Calderon près de la Crète. |
| 54 Verbascum sinuatum. | V. foliis papaveri corniculati dissectis. | Marseille. |
| 55 Coris monspeliensis. | C. monspeliensium. | Ibid. |
| 56 Zizyphus vulgaris. | Zizyphus, *Ennab* des Syriens. | Ibid. |
| 57 Zizyphus vulgaris *var.* | | |
| 58 Rhamnus spina Christi. | Rh. tortius Dioscoridis. | Entre Rama et Jaffa, Tripoli. |
| 59 Lycium europaeum. | Rh. primus, *Hausegi* des Arabes. | Tripoli, Alep, Jérusalem. |
| 60 L. prunifolium ? C. Bauhin. | Lycium, *Zaroa* des Syriens, *Hadhadh* des Arabes. | Mont Liban, Jérusalem, Tripoli. |
| 61 Strychnos nux vomica. | Nux vomica. | |
| 62 Solanum insanum. | Melantzana nigra, *Batleschaim* des Arabes. | |
| 63 S. melongena. | Melantzana, Melongena des Arabes. | Cultivé à Alep. |
| 64 Vitis vinifera. | | Autour de Tripoli, Mont Liban. |

| NOM MODERNE | NOM EMPLOYÉ PAR RAUWOLF | PROVENANCE DES PLANTES |
|---|---|---|
| 65 Ribes uva crispa. | Krausselbeer. | Alep. |
| 66 R. rubrum. | St-Johans Treublein. | Alep. |
| 67 Nerium oleander. | Oleander. | Tripoli, Mont Liban. |
| 68 Periploca graeca. | Apocynum repens. | Mont Liban. |
| 69 Cynanchum erectum. | Apocynum asclepiadi si-mile. | Tripoli, Birra vers l'Euphrate. |
| 70 C. acutum. | Scammonium monspeliense. | Tripoli. |
| 71 Paronychia argentea. | Polygonum peregrinum. | Alep. |
| 72 Salsola kali. | *Kali* des Arabes. | Tripoli, rives de l'Euphrate près Racka. |
| 73 Anabasis aphylla. | Autre *kali*. | Tripoli. |
| 74 Eryngium maritimum. | E. marinum. | Marseille. |
| 75 E. campestre. | E. *Panicault* des Français. | |
| 76 E. tricuspidatum. | E. caeruleum pumilum. | Alep. |
| 77 Bupleurum fruticosum. | Seseli æthiopicum fruticans. | Marseille. |
| 78 Tordylium syriacum. | Caucalidis species. | Syrie. |
| 79 Pastinaca secacul. | *Secacul* des Arabes. | Alep. |
| 80 Turgenia latifolia. | Caucalidis species flore Gingidii. | |
| 81 Artedia squamata. | Gingidium Dioscoridis. | Mont Liban. |
| 82 Daucus carota. | Gelbe und weissen Ruben. | Cultivé à Alep. |
| 83 Ammi visnaga. | Visnaga. | Tripoli, Mont Liban. |
| 84 Molospermum cicutarium. | Seseli peloponnesiacum. | Chemin de Brignole à Marseille. |
| 85 Siler trilobum. | | |
| 86 Coriandrum sativum. | Coriandrum romanum. | Employé par les pâtissiers. |
| 87 Scandix pecten. | Pecten Veneris. | Tripoli. |
| 88 Seseli cretense? Morison. | Daucus tertius Dioscoridis *Zarneb Melchi* des Syriens. | Alep. |
| 89 Fœniculum vulgare. | Foeniculum majus. | Jardins d'Alep. |
| 90 Apium graveolens. | *Eppich* des Syriens. | Tripoli, Alep. |
| 91 Rhus coriaria. | Rhus obsoniorum et coriarium, *Sumach* des Arabes. | Alep, Rama. |
| 92 R. cotinus. | Cotinus Plinii. | Mont Brothos. |
| 93 Tamarix gallica. | T. narbonica, *Tharse* des Arabes, *Athel* des Syriens. | Marseille. |
| 94 T. aegyptia. | T. praealtus. | Mésopotamie vers l'Euphrate. |
| 95 Statice limonium. | Limonium parvum oleifolium. | |
| 96 S. sinuata. | L. exoticum. | Jaffa. |
| 97 Linum maritimum. | Linum silvestre, *Bezerchelen* des Arabes. | |
| 98 Narcissus multiplex? Rauw. | *Modalph* des Syriens. | |

| NOM MODERNE | NOM EMPLOYÉ PAR RAUWOLF | PROVENANCE DES PLANTES |
| --- | --- | --- |
| 99 N. tazetta. | N. medioluteus, *Nergies* des Arabes. | Jardins d'Alep. |
| 100 Ixia bulbocodium. | Sisyrinchium. Theophrasti. | Alep. |
| 101 Allium sativum. | Knobloch. | |
| 102 A. cepa. | Zwibel, *Bassal* des Syriens. | Jardins de Tripoli et d'Alep. |
| 103 A. ursinum. | A. silvestre sive ursinum. | Alep. |
| 104 Lilium bulbiferum. | L. purpureum. | Gera |
| 105 L. candidum. | L. album sive Hemerocallis. | Tripoli, Jaffa. |
| 106 L. candidum *variété*. | L. Theophrasti. | Alep. |
| 107 Tulipa Gesneriana. | Tulipa. | Mont Liban. |
| 108 Asphodelus albus. | A. albus. | Alep. |
| 109 Scilla maritima. | Mohrzwibel. | Tripoli. |
| 110 Ornithogalum sulphureum. | O. majus. | Alep. |
| 111 O. umbellatum. | Feldwibel. | Ibid. |
| 112 Asparagus acutifolius. | Aspargen. | Marseille, jardins de Tripoli. |
| 113 Leontice chrysogonum. | Chrysogonum Dioscoridis. | Alep. |
| 114 L. leontopetalon. | Leontopetalon, *Assab* des Syriens. | Alep. Attique. |
| 115 Hyacinthus orientalis. | H. orientalis, *Zumbel* des Syriens. | Alep. Bagdad. |
| 116 H. tripolitanus? J. Bauhin. | H. *Ayur* des Syriens. | Alep. |
| 117 H. comosus minor var. du précédent. | | |
| 118 H. comosus major variété du précédent. | | Bagdad. |
| 119 Aloe perfoliata. | Aloe viridis. | Cultivé à Rama. |
| 120 Berberis vulgaris. | Berberis. | Mont Liban. |
| 121 Cordia myxa. | Sebestena, *Maleita* des Arabes. | Tripoli, Alep. |
| 122 Colchicum illyricum ? C. Bauhin. | C. syriacum, *Kusam* des Syriens. | Alep. |
| 123 Menispermum cocculus | Cocculus orientalis, *Doam Samec* des Arabes. | Employé comme amorce par les pêcheurs des rives de l'Euphrate. |
| 124 Lawsonia inermis. | Alcanna sive *Heane* Arabum. | Apporté du Caire à Tripoli. |
| 125 Passerina tarton raira. | Tarton Raira. | Marseille. |
| 126 P. orientalis. | Sanamunda. | Mont Liban. |
| 127 Chrysoplenium oppositifolium. | Saxifraga aurea. | Veldkirch. |
| 128 Laurus cinnamomum. | Tamalapatra. | Vendu dans les bazars d'Alep. |
| 129 Rheum rhabarbarum. | Radix Rheubarbara. | Id. |

| NOM MODERNE | NOM EMPLOYÉ PAR RAUWOLF | PROVENANCE DES PLANTES |
|---|---|---|
| 130 R. ribes. | Ribes Arabum. | Mont Liban. |
| 131 Cercis siliquastrum. | Juda arbor, St-Jans Brood. | Mont Liban. |
| 132 Zygophyllum fabago. | Ardifrigi Avicennae, *Morgsani* des Syriens. | Tripoli, Alep. |
| 133 Melia azederach. | Azedarach Avicennae, *Zenzelacht* des Syriens. | Alep, Tripoli. |
| 134 Ruta montana. | Ruta silvestris secunda. | |
| 135 R. graveolens. | R. silvestris prima, *Sedah* Arabum. | Marseille, Alep. |
| 136 Tribulus terrestris. | T. terrestris. | Tripoli. |
| 137 Arbutus unedo. | Arbutus. | Rama. |
| 138 Lychnis viscaria. | L. silvestris. | |
| 139 Silene muscipula. | Muscipula sive Viscaria. | |
| 140 Spergularia rubra. | Polygonum marinum. | |
| 141 Umbilicus Veneris. | U. Veneris seu Cotyledon. | Rama. |
| 142 Sedum album. | Crassula minor seu Sempervivum minus. | Marseille. |
| 143 Glinus lotoideus. | Alsine exotica. | Rives de l'Euphrate. |
| 144 Punica granatum. | P. silvestris, Malus granata. | Jardins d'Alep, Tripoli, Bethléem. |
| 145 Myrtus communis. | Myrtus. | Alep, Tripoli. |
| 146 Amygdalus communis. | A. silvestris, *Lauzi* Arabum. | Tripoli, Alep. |
| 147 Persica vulgaris. | Persica mala. | Alep. |
| 148* Laurus persea. | Fructus Persis *Sepha*. | |
| 148 Cerasus vulgaris. | Amarellen. | |
| 149 Styrax officinalis. | Styrax arbor, *Astarach* Arabum. | Mont Liban, Rama. |
| 150 Crataegus oxyacantha. | Oxyacantha. | Tripoli. |
| 151 Sorbus aucuparia. | Wilde Sperlingbaum. | Mont Liban. |
| 152 Cydonia vulgaris. | Quittenbaum. | Alep. |
| 153 Geum montanum. | Caryophyllata alpina. | Veldkirch. |
| 154 Capparis spinosa. | C. silvestris. | Ile Galeta vers l'entrée de Salamine, Tripoli, Alep. |
| 155 Glaucium luteum flore caeruleo. | Papaver corniculatum floribus caeruleis. | Nissa, Alep. |
| 156 Papaver somniferum. | P. album *Cascach*. | Vendu dans les bazars d'Alep. |
| 157 P. rhoeas. | P. erraticum, *Schuck* des Syriens. | Alep. |
| 158 P. argemone. | Argemone floribus purpurascentibus, *Sakaick* des Arabes, *Schageck* des Syriens. | Alep. |
| 159 Mimosa nilotica. | Acatia, *Schach* des Syriens, *Schamuth* des Arabes. | Alep, Birra, Racka, bords du Tigre et de l'Euphrate. |

| | NOM MODERNE | NOM EMPLOYÉ PAR RAUWOLF | PROVENANCE DES PLANTES |
|---|---|---|---|
| 160 | Euphorbia mauritanica. | Xabra seu Camaronus Rhazis, *Tanaghut* sive *Sabra* des Arabes. | Alep, Tripoli. |
| 161 | E. chamaesyce. | Chamaesyce. | Racka en Mésopotamie. |
| 162 | E. paralias. | Tithymalus paralius, sive Lactuca marina. | Tripoli. |
| 163 | E. peplus. | Peplion sive Peplis. | Littoral de Tripoli. |
| 164 | E. orientalis hirsuta ? Morison. | Peplium. | Alep. |
| 165 | Peganum harmala. | Harmala, *Harmel* des Arabes. | Ib. |
| 166 | Helianthemum vulgare. | Planta quae Panax Chironium refert. | Ib. |
| 167 | Cistus salvifolius. | C. floribus albis. | Marseille. |
| 168 | C. monspeliensis. | Ladanum latifolium. | Nissa. |
| 169 | Helianthemum hirtum. | L. angustis rosmarinifoliis. | Marseille. |
| 170 | Corchorus olitorius. | C. Plinii, *Moluchi* Arabum. | Alep, Ana près de l'Euphrate. |
| 171 | Reseda lutea. | R. Plinii. | Alep. |
| 172 | Anemone lutea? Rauw. | A. lutea, *Sakaik Alfar*. | Alep. |
| 173 | Adonis autumnalis. | Œnanthes species. | |
| 174 | Ceratocephalus falcatus. | Melampyrum pusillum luteum. | Alep. |
| 175 | Teucrium polium. | Polium montanum. | Tripoli, Mont Liban. |
| 176 | Satureia capitata. | Thymum Dioscoridis, *Sathar* des Syriens, *Hasce* des Arabes. | Tripoli, Bethléem, Rama, Jaffa. |
| 177 | S. thymbra. | S. Dioscoridis. | Tripoli. |
| 178 | Lavandula stœchas. | Stœchas. | Brignole. |
| 179 | Marrubium peregrinum. | M. creticum. | Mont Liban. |
| 180 | Phlomis lychnitis. | Verbascum silvestre. | Alep. |
| 181 | Molucella laevis. | Melissa moluca. | Tripoli. |
| 182 | Thymus mastichina. | Tragoriganum. | |
| 183 | T. Tragoriganum. | T. alterum. | Mont Liban. |
| 184 | Melissa officinalis. | Melissa. | Cultivé dans les jardins d'Alep. |
| 185 | Calamintha officinalis. | C. montana. | Route de Brignole à Marseille. |
| 186 | Origanum creticum. | O. onitis. | Mont Liban et des Oliviers, entre Rama et Jaffa. |
| 187 | Rhinanthus cristagalli. | Crista galli. | Voldkirch. |
| 188 | Linaria cymbalaria. | Cymbalaria. | Gera. |
| 189 | Orobanche rapum. | O. halium. | Alep. |
| 190 | Sesamum orientale. | Sesamum, *Semsain* des Syriens. | Cultivé dans les jardins de Tripoli, Felugo ou Babylone. |

| NOM MODERNE | NOM EMPLOYÉ PAR RAUWOLF | PROVENANCE DES PLANTES |
|---|---|---|
| 191 Vitex agnus. | Agnus castus. | Alep, Racka. |
| 192 Acanthus Dioscoridis. | A. Dioscoridis, Welschen Berenklauw. | Mont Liban. |
| 193 Anastatica hierochuntia. | Rosa hierichuntina. | Syrie, Arabie, Mont Sinaï. |
| 194 A. syriaca. | | Syrie. |
| 195 Lepidium chalepense. | Draba Dioscoridis. | Alep. |
| 196 L. perfoliatum. | Nasturtium peregrinum. | Alep. |
| 197 L. latifolium. | Tarcon Rhazis, *Cozirihan* des Syriens. | Cultivé à Alep. |
| 198 Cochlearia armoracia. | Kren. | Cultivé à Tripoli. |
| 199 Farsetia clypeata. | Alysson Dioscoridis. | Mont Liban. |
| 200 Matthiola tricuspidata. | Leucoium marinum. | Littoral de Tripoli. |
| 201 Raphanus sativus. | Rettich. | Cultivé dans les jardins. |
| 202 Cakile maritima. | Raphanus marinus. | Littoral de Tripoli. |
| 203 Brassica oleracea. | Caulorapa. | Cultivé à Tripoli et Alep. |
| 204 B. rapa. | Ruben. | Ibid. |
| 205 Nasturtium officinale. | N. aquaticum. | |
| 206 Erucastrum obtusangu-lum. | Eruca minor. | Murs d'Alep. |
| 207 Geranium gruinum. | G. pulchrum, Rostrum Ciconiae. | Alep. |
| 208 Gossypium arboreum. | Gossypium. Cottonum Italorum vel Bombasus. | Rama et autres lieux de la Judée. |
| 209 Hibiscus syriacus. | Malva arborescens, *Chethmie* des Syriens. | Jardins de Tripoli. |
| 210 H. sabdariffa. | Trionum Theophrasti, *Endigi* Arabum. | Ana près de l'Euphrate, Rama. |
| 211 Spartium junceum. | Spartium. | Rama et Jaffa. |
| 212 Calycotome spinosa. | Acacia altera folio Cytisi. | Marseille, Mont Liban. |
| 213 Galega officinalis. | Galega, Gayssraute. | Alep, rives de l'Euphrate. |
| 214 Astragalus syriacus. | Astragalus Dioscoridis, Christiana radix. | Alep. |
| 215 Phaseolus vulgaris. | Phaseolus. | Cultivé à Alep. |
| 216 P. turcicus Rauwolf. | | Tripoli. |
| 217 P. max. | *Mas* Arabum. | Alep. |
| 218 Ulex europaeus. | Scorpius. | Mont Liban. |
| B Ulex provincialis. | Nepa. | Marseille. |
| 219 Cytisus nigricans. | Pseudocytisus. | |
| 220 Cicer arietinum. | C. arietinum, *Ommos* Arabum. | Alep, Bethléem. |
| 221 Lens vulgaris. | Orobus, *Ades* des Syriens. | Cultivé en Syrie. |
| 222 Astragalus christianus. | A. christiana radix. | Alep. |
| 223 A. hamosus. | Securidaca minor. | Tripoli. |
| 224 A. tragacanthoides. | Tragium alterum Dioscoridis. | Alep. |
| 225 A. tragacantha. | Tragacantha. | Marseille. |
| 226 A. poterium. | Poterion Dioscoridis, *Megasoc* des Syriens. | Alep. |

| | NOM MODERNE | NOM EMPLOYÉ PAR RAUWOLF | PROVENANCE DES PLANTES |
|---|---|---|---|
| 227 | Tragacantha humilior luteis floribus C. Bauhin. | Tragacanthae species alia. | Mont Liban. |
| 228 | Hedysarum alhagi. | *Agul* et Alhagi Arabum. | Bagdad et Racka, îles Tinos et Syra. |
| 229 | Hippocrepis unisiliquosa. | Sferra cavallo. | Tripoli. |
| 230 | Medicago marina. | Medica marina. | Littoral de Marseille et de Tripoli. |
| 231 | M. radiata. | Trifolium peregrinum folliculis Sennae. | Alep. |
| 232 | M. sativa. | Medica, Foin de Bourgogne des Français. | |
| 233 | M. polymorpha. | Medica trifolia foliis dissectis. | Alep. |
| 234 | Trigonella corniculata. | Trifolium corniculatum. | Ibid. |
| 235 | Trifolium tomentosum. | T. peregrinum. | Ibid. |
| 236 | Psoralea bituminosa. | T. asphaltites. | Marseille. |
| 237 | Indigofera tinctoria. | Pigmentum caeruleum, *Indisch* dictum. | Vendu dans les bazars d'Alep. |
| 238 | Citrus medica. | Limon. | |
| 239 | C. aurantium. | Pomerantzen. | Jardins d'Alep et de Tripoli, Mont des Oliviers, jardins de Salomon près de Bethléem. |
| 240 | Hypericum coris. | Coris floribus luteis. | Alep. |
| 241 | Chondrilla juncea. | Ch. viminea. | Marseille. |
| 242 | Lactuca sativa. | Lattich. | Jardins de Tripoli et d'Alger. |
| 243 | Picris echioides. | Sonchus asper. | |
| 244 | Scorzonera hispanica. | S. flore purpureo, *Corton* des Syriens. | Alep. |
| 245 | Sonchus oleraceus. | S. laevis. | |
| 246 | S. maritimus. | Hieracium marinum. | |
| 247 | Scolymus maculatus. | Carduus chrysanthemus. | |
| 248 | Cichorium endivia. | Endivien. | Jardins de Tripoli et d'Alep. |
| 249 | Echinops sphaerocephalus. | Carduus sphaerocephalus. | |
| 250 | Carthamus corymbosus. | Chamaeleon niger Dioscoridis. | Tripoli, Mont Liban. |
| 251 | Gundelia Tournefortii. | Silybum Dioscoridis. | Alep, Baibout en Anatolie. |
| 252 | Silybum Marianum. | Carduus Mariae albus, *Bedeguard* Arabum. | Alep. |
| 253 | Cinara scolymus. | Raxos Serapionis *Artichocki*. | Cultivé à Alep. |
| 254 | Carthamus tinctorius. | Wilde garten Safran. | Employé comme condiment à Alep. |

| NOM MODERNE | NOM EMPLOYÉ PAR RAUWOLF | PROVENANCE DES PLANTES |
|---|---|---|
| 255 Bidens tripartitus. | Cannabina, sive Eupatorium flore stellato luteo. | Rives de l'Euphrate. |
| 256 Santolina chamaecyparissus. | Abrotonon fœmina. | Tortona en Italie, chemin de Damas à Alep. |
| 257 Diotis candidissima. | Gnaphalium marinum. | Littoral de Marseille et de Tripoli. |
| 258 Artemisia dracunculus. | Tarcon Rhasis. | Cultivé dans les jardins de Tripoli. |
| 259 Artemisia judaica. | Absinthium santonicum, *Scheha* Arabum. | Bethléem, abondant en Arabie et dans les déserts de Numidie. |
| 260 Gnaphalium stœchas. | Stoechas citrina. | Mont Brothos. |
| 261 Helichrysum syriacum? Morison *an* Helichrysum frigidum ? | Gnaphalium candidissimis floribus. | Mont Liban. |
| 262 Gnaphalium sanguineum. | Baccharis Dioscoridis. | Mont Liban et Carmel. |
| 263 Xeranthemum annuum. | Asteris attici species. | |
| 264 X. flore albo simplici ? Herm. | Cyanus albus rarus. | |
| 265 X. inapertum. | | |
| 266 Erigeron tuberosus. | Chondrillae alterum genus. | Alep. |
| 267 Cupularia viscosa. | Conyza major. | Marseille. |
| 268 Baccharis Dioscoridis. | C. minor Dioscoridis. | Tripoli. |
| 269 Doronicum plantagineum. | *Hakinrigi* Arabum. | Les racines sont vendues dans les officines d'Alep. |
| 270 Chrysanthemum vulgare. | Bellis alpina Plinii. | Veldkirch. |
| 271 Anthemis valentina. | Buphthalmum perpulchrum, *Bihaa* Arabum. | |
| 272 Pallenis spinosa. | Aster atticus luteus. | Marseille. |
| 273 Centaurea behen. | *Behen* album Arabum. | Mont Liban. |
| 274 C. crupina. | Scabiosa minima perrara. | Alep. |
| 275 C. calcitrapa. | Carduus stellatus. | Ibid. |
| 276 C. solstitialis. | Spina solstitialis. | Ibid. |
| 277 Cineraria maritima. | Cineraria, sive Jacobaea marina. | Mont Brothos. |
| 278 Viola odorata. | Viola martia. | Jardins d'Alep et de Bagdad |
| 279 Sisyrinchium chalepense ? Ray. | *Tharasalis* des Syriens. | Alep. |
| 280 Aristolochia Maurorum. | *Rhasut* et *Rumigi* Maurorum. | Alep. |
| 281 A. rotunda. | A. rotunda, *Borustum* Arabum. | Ile Simles en Afrique. |
| 282 Calla orientalis. | Arum minus, *Carsaami* des Syriens. | Alep. |
| 283 C. orientalis *variété*. | Ari minoris species. | Ibid. |

| NOM MODERNE | NOM EMPLOYÉ PAR RAUWOLF | PROVENANCE DES PLANTES |
|---|---|---|
| 284 Arum dracunculus. | Dracunculus minor, *Luph* Arabum. | Ibid. |
| 285 A. colocasia. | Colocassia. | Ibid., bords du Tigre en Assyrie. |
| 286 A. tenuifolium. | Arisarum angustifolium , *Homaid* des Syriens. | Ibid. |
| 287 Zea mais. | Frumentum indicum *Mays* dictum. | Birra vers l'Euphrate. |
| 288 Ambrosia maritima. | Ambrosia. | Jardin botanique de Jacques Renaud à Marseille (1). |
| 289 Amarantus tricolor. | A. tricolor, Symphonia Plinii. | Cultivé dans les jardins d'Alep. |
| 290 Poterium spinosum. | Pimpinella sanguisorba spinosa, *Bellan* Maurorum. | Pied du Mont Liban. |
| 291 Quercus coccifera. | Ilex coccifera. | Marseille, Tripoli, Jérusalem, Rama. |
| 292 Corylus avellana. | Corylus. | Fruits transportés d'Europe en Asie. |
| 293 Platanus orientalis. | Platanus montis Libani , *Dulb* Arabum. | |
| 294 Pinus silvestris et halepensis. | P. silvestris. | Mont Liban. |
| 295 P. cedrus. | Cedrus Libani, *Sebin* Arabum. | |
| 296 Cupressus sempervirens. | Cypressus, *Sarub* des Syriens, *Saraub* des Maures. | Alep. |
| 297 C. nana ? Plukenet. | | La résine est vendue dans les bazars d'Alep. |
| 298 Croton tinctorius. | Heliotropium minus tricoccum Clusii. | Alep. |
| 299 Ricinus communis. | Ricinus cataputia major , *Cerua* Arabum. | Tripoli. |
| 300 Momordica elaterium. | Cucumis silvestris, *Adjural hamar* Arabum. | Alep. |
| 301 Cucumis sativus. | Cucumis. | Cultivé dans les jardins de Deer. |
| 302 C. oblongus. | C. longus anguinus, *Gette* des Syriens. | Cultivé à Alep. |
| 303 Melo vulgaris. | Melones. | Cultivé à Tripoli. |
| 304 Cucumis colocynthis. | Colocynthis, *Hensal* et *Alea* Arabum. | Rives de l'Euphrate. |

---

(1) Dans l'*Hodoeporicum* (part. 1, cap. 1, p. 9) il est dit que Rauwolf visita, à Marseille, un médecin nommé Jacques Renaud, qui lui montra son jardin botanique et un grand nombre de plantes sèches conservées dans des feuilles de papier.

| NOM MODERNE | NOM EMPLOYÉ PAR RAUWOLF | PROVENANCE DES PLANTES |
|---|---|---|
| 305 Cucurbita citrullus. | Anguria *Bathieca* dicta. | Cultivé à Tripoli, Alep et Rama. |
| 306 C. lagenaria. | Curbsen. | Cultivé à Tripoli, Alep et Deer. |
| 307 Salix babylonica. | *Garb* Arabum. | Rives de l'Euphrate. |
| 308 Osyris alba. | Cassia Monspeliensium. | Mont Liban. |
| 309 Morus alba. | M. alba, *Thut* Arabum. | Tripoli, Alep, Damas, Rama. |
| 310 Pistacia lentiscus. | Lentiscus quae mastichen praebet. | Marseille, Jaffa, Rama. |
| 311 P. terebinthus. | Terebinthus. | Marseille, Tripoli, Alep, Mont des Oliviers. |
| 312 P. vera. | Pistacia arbor, *Pistachi* des Syriens. | Alep. |
| 313 P. narbonensis. | Terebinthus *Botin* Arabum; *Terbaick* Persarum. | Perse, Mésopotamie et Arménie. |
| 314 Terebinthus indica. | T. indica minor, *Botin* Arabum. | Mésopotamie, Arménie et Perse. |
| 315 Ceratonia siliqua. | Siliqua, *Charnubi* des Syriens. | Tripoli, Rama et divers lieux de la Judée. |
| 316 Smilax aspera. | S. aspera. | Route de Brignole à Marseille. |
| 317 S. china. | Radix china. | Vendu dans les bazars d'Alep. |
| 318 Tamus communis. | Vitis nigra. | Tripoli. |
| 319 Populus alba. | P. alba, *Haur* Arabum. | Tripoli, Alep. |
| 320 Juniperus lycia. | Oxycedrus. | Ile Calderon. |
| 321 J. sabina. | Sabina baccifera. | Tripoli. |
| 322 Ephedra distachya. | Polygonum majus Clusii. | Ibid. |
| 323 Ruscus aculeatus. | Ruscum. | Marseille. |
| 324 Musa paradisiaca. | *Musa* Arabum, *Wac* des Syriens, *Palla* des Persans. | Tripoli, Bagdad. |
| 325 Sorghum vulgare. | Milium indicum, *Dora* Arabum. | Syrie au Mont Liban, Arabie autour d'Ana. |
| 326 Atriplex halimus. | Portulaca marina. | |
| 327 A. laciniata. | A. marina. | Littoral de Tripoli. |
| 328 Ficus carica. | Ficus. | Alep, Mont des Oliviers, Bethléem dans le jardin de Salomon. |
| 329 F. sycomorus. | F. silvestris, *Mumeits* Arabum. | Tripoli, Mont Liban. |
| 330 Adiantum capillus Veneris. | A. capillus Veneris. | Tripoli. |
| 331 Ceterach officinarum. | Ceterach. | Pied du Mont Liban. |
| 332 Rocella tinctoria. | Alga marina purpureum praebens colorem. | Vendu dans les bazars d'Alep. |
| 333 Algue indéterminée ? | Fucus marinus. | |

| NOM MODERNE | NOM EMPLOYÉ PAR RAUWOLF | PROVENANCE DES PLANTES |
|---|---|---|
| 334 Phœnix dacty-lifera. | Palma, *Machla* sive *Nachal* Arabum. | Syrie, Arabie, Palestine. |
| 335 Guilandina mo-ringa. | Machaleb album, Nahand Serapionis. | La graine est vendue dans les officines de Bagdad. |
| 336 Myristica aro-matica. | Muscatnuff. | Vendu dans les bazars d'A-lep. |
| 337 Balsalmodendron agallocha. | Arbor gummi Bdellium praebens. | Apporté à Tripoli par les marchands arabes. |
| 338 Amomum aroma-ticum. | *Hamama* Arabum. | |

### Herbier du jardin ducal de Ferrare.

En 1882, M. Cesare Foucard annonça au dixième Congrès de l'Association médicale d'Italie qu'on venait de découvrir dans les archives de Modène une collection portant le titre de « *Ducale Erbario estense del secolo* XVI<sup>e</sup> *sul fine* ». MM. Camus et Penzig ont donné (1) une description très détaillée de cet herbier et, à cette occasion, ils ont fort judicieusement discuté la question de l'invention de l'art des herbiers. C'est à ce Mémoire que nous empruntons ce qui suit.

L'*Erbario estense* est un volume cartonné de 0,32 sur 0,22, contenant 146 feuillets numérotés sur lesquels sont collées au recto 182 plantes accompagnées d'un numéro d'ordre et de l'indication du nom vulgaire en langue italienne. A l'exception de quelques espèces exotiques, la plupart des plantes paraissent avoir été récoltées dans les environs de Ferrare et dans la province de Venise. Il est digne de remarque que les filigranes du papier sont les mêmes que ceux des lettres écrites à Ferrare vers la fin du XV<sup>e</sup> siècle. En outre, l'orthographe des noms est conforme à l'usage adopté à cette époque dans la province de Venise.

MM. Camus et Penzig croient que cet herbier a été composé par un jardinier du palais d'Este à Ferrare, et à l'appui de leur opinion, ils ont reproduit un Catalogue des espèces cultivées vers la fin du XVI<sup>e</sup> siècle dans le jardin ducal de Ferrare.

Les plantes se succèdent sans ordre méthodique ou alphabé-

---

(1) *Illustrazione del ducale Erbario estense*. Atti della Società dei naturalisti di Modena, IV, 1885.

tique. L'auteur n'était ni lettré, ni savant ; car, outre plusieurs fautes d'orthographe (comme *Lauro gregio* pour *Lauro regio*, *Asconito* pour *Aconito)*, il a commis des erreurs d'attribution. C'est ainsi qu'il appelle *Phu* ou *Valeriana minor* le *Thalictron angustifolium*, *Coniza minore* la *Scrophularia canina*, *Centaurea maggiore* le *Silene armeria*.

Quoique l'herbier du jardinier anonyme de Ferrare soit, de même que celui de notre compatriote Jean Girault, complètement dépourvu de valeur scientifique et ne supporte pas la comparaison avec les collections formées par des maîtres tels que Aldrovandi, Cesalpino, Rauwolf et G. Bauhin, cependant nous ne pouvions nous dispenser d'en faire mention dans notre *Histoire des herbiers*, à la place qui lui appartient dans l'ordre chronologique.

HERBIER DE G. BAUHIN.

Parmi les botanistes antérieurs à Linné, il n'en est pas qui aient autant contribué aux progrès de la Botanique que les deux frères Bauhin (1). Il n'en est pas non plus dont la réputation ait été aussi grande ; aussi estimons-nous que l'examen de la collection de plantes sèches formée par G. Bauhin clot dignement la série des recherches historiques que nous avons entreprise au sujet des anciens herbiers. Avant d'aborder cette étude, il nous paraît intéressant de présenter un aperçu rapide de la vie et des travaux de ces deux éminents botanistes.

Jean Bauhin est né en 1541 à Bâle où son père, poursuivi comme hérétique, avait cherché un refuge, ainsi que nous l'avons expliqué précédemment (p. 48). Attiré dès sa jeunesse vers l'étude des plantes, il alla compléter son instruction botanique, d'abord à Tübingen sous la direction de Fuchs, puis à Zürich où il se lia d'amitié avec le célèbre Conrad Gesner. Il parcourut une grande partie de la Suisse, l'Alsace, le Schwarz-

---

(1) Cette pensée a été exprimée d'une manière fort élégante par Sprengel dans le chapitre de son *Historia rei herbariae* consacré aux travaux des inventeurs : « claudant agmen inventorum, fratrum Bauhinorum *sidera lucida*, quorum tot tantaque sunt in promovenda et perficienda re herbaria merita, ut ab uno Linnaeo ferè superentur. » On reconnaît dans cet éloge une réminiscence du vers bien connu d'Horace « Sic fratres Helenae, lucida sidera », dans lequel il est question de Castor et de Pollux (Ode III au vaisseau de Virgile).

wald, la Franche-Comté, le nord de l'Italie et alla jusqu'à Bologne pour y voir les collections amassées par Aldrovandi. Passant de là en France, il vint à Montpellier suivre les leçons de Rondelet et y prendre ses grades, puis il se rendit à Lyon où il fut pendant quelque temps le collaborateur de Daléchamps. Dénoncé comme hérétique, il quitta brusquement notre ville et retourna à Bâle. En 1570, le duc Ulric de Wurttemberg-Montbelliard l'attacha à sa personne en qualité de premier médecin. Il mourut à Montbéliard en 1613, à l'âge de 72 ans, avant d'avoir pu terminer le grand ouvrage auquel il avait travaillé pendant 50 ans. Par les soins de Cherler, un premier volume in-4° fut publié en 1619 à Yverdun, sous le titre de *Historiæ plantarum*. Ce livre n'était que le prélude d'une publication plus importante faite dans la même ville, en 1650 et 1651, par Fr.-Louis de Grafenried et Chabrée, sous la désignation de *Historia universalis plantarum*. Cet ouvrage, en trois volumes in-folio, contient la description de 5,000 plantes, accompagnée dans le texte de 3,600 gravures sur bois. Jean Bauhin avait établi un jardin botanique à Montbéliard, près du château de son protecteur, et faisait de fréquents envois de plantes à son frère, ainsi que celui-ci l'atteste en plusieurs passages de ses écrits. Il ne reste aucune trace de son herbier et nous ne saurions dire s'il a été réuni à celui de Gaspard Bauhin.

Gaspard Bauhin est né à Bâle le 17 janvier 1560. Après avoir reçu dans sa ville natale les leçons des célèbres médecins Zwinger et Félix Plater, il alla, en 1577, à Padoue pour y étudier l'Anatomie, sous la direction de Fabrizio d'Aquapendente, et la Botanique sous celle de Cortusi et de Guilandini. Pendant deux ans il parcourut l'Italie pour y récolter des plantes, puis séjourna un an (1579) à Montpellier, alla étudier à Paris la Chirurgie sous Séverin Pineau, associé du fameux lithotomiste Colot dont il a été question dans un précédent chapitre, et enfin retourna à Bâle où il fut reçu docteur en médecine en 1581. On créa pour lui, en 1588, une chaire de Botanique et d'Anatomie qu'il occupa jusqu'en 1614, époque à laquelle il fut appelé à remplacer comme professeur de médecine son maître Félix Plater. Il mourut à Bâle le 5 décembre 1624, à l'âge de 65 ans (1).

---

(1) Pour plus amples détails concernant la vie de G. Bauhin, on consultera l'ouvrage de Hess, publié à Bâle en 1860, sous le titre de « Kaspar Bauhin's Leben und Character ».

Nous ne parlerons pas des écrits anatomiques de G. Bauhin, si ce n'est pour rappeler que dans l'un d'eux (*Theatrum anatomicum*, Basil. 1592) se trouve une description de la valvule iléo-cœcale dont la découverte avait été faite par Rondelet. Les ouvrages botaniques de G. Bauhin, les seuls dont nous devions nous occuper, sont les suivants :

*Phytopinax*, volume in-1° de 669 pages, avec 8 gravures xylographiques, contenant un catalogue de 2,700 espèces et variétés (Bâle, 1596). C'est dans ce livre que la Pomme de terre est décrite pour la première fois sous le nom de *Solanum tuberosum*.

*Animadversiones in historiam plantarum Lugduni*, vol. in-4° de 95 pages, dans lequel sont relevées les erreurs commises par les éditeurs de l'ouvrage de Daléchamps.

*Prodromos theatri botanici* (Bâle, 1620), volume in-4° de 160 pages, contenant la description de 600 espèces nouvelles ou peu connues, avec 138 gravures sur bois. Une seconde édition parut en Bâle en 1671.

*Catalogus plantarum circa Basileam sponte nascentium* (Bâle, 1623), volume in-8° de 113 pages, qui a servi de modèle à toutes les Flores régionales composées au XVII° siècle et pendant le siècle suivant.

*Pinax theatri botanici* (Bâle, 1623, réimprimé en 1671), volume in-1° de 518 pages outre la préface et l'index, contenant l'énumération de 6,000 plantes avec la synonymie complète de tous les noms qui leur ont été donnés.

*Theatrum botanicum sive Historia plantarum*, liber primus (seul publié); un volume in-folio de 683 pages avec 251 gravures sur bois, imprimé à Bâle en 1658, c'est-à-dire 34 ans après la mort de G. Bauhin, par les soins de son fils Jean-Gaspard.

Enfin, G. Bauhin a publié à Bâle, en 1598, une édition des œuvres de Matthiole, avec de nombreuses additions.

Dans l'*Isagoge in rem herbariam*, Tournefort présente, en suivant l'ordre chronologique, un résumé des travaux des botanistes les plus méritants. Après avoir parlé de Matthiole, de Belon, de Daléchamps, de Dodoens, de Tabernaemontanus, de Rauwolf, de l'Ecluse et de Matthias de l'Obel, il continue en ces termes: « .Arrivons maintenant à Jean et à Gaspard Bauhin, ces deux illustres frères, *par nobile fratrum* (1), dont l'autorité est si grande que jamais aucun botaniste, à propos d'une plante quelconque, même la plus minuscule des herbes, n'omet de rappeler le nom qui lui a été imposé par les deux Bauhin. Il n'est pas de livre plus utile que le *Pinax theatri botanici*, et assurément il était impossible d'en faire un meilleur au temps où il fut composé. D'ailleurs, les descriptions trop brèves du *Pinax* sont admirablement complétées par celles beaucoup plus étendues, que Jean Bauhin a données dans son *Historia plantarum*. Toutefois on peut reprocher à ces deux éminents botanistes de n'avoir pas apporté assez de soin dans l'établissement des genres, partie fondamentale de la science phytologique. » *Isagoge*, p. 42 et 43.

Tournefort lui-même ne manque jamais de citer les noms Bauhiniens. Vaillant, Morison, Ray, Linné, Haller, Jacquin, Boerhaave, Gérard, Allioni, Villars, Claret de la Tourrette, Gilibert, Lamarck et tous les auteurs du XVIII<sup>e</sup> siècle et du premier quart du XIX<sup>e</sup> siècle suivent fidèlement le même usage. La tradition, bien que fort négligée aujourd'hui, n'est pas encore entièrement abandonnée par les floristes contemporains, comme le prouve l'exemple de Kirschleger qui, dans sa *Flore vogéso-rhénane*, n'omet jamais de citer Jean et Gaspard Bauhin. Un livre, tel que le *Pinax*, qui a été pendant deux siècles l'Évangile des botanistes, occupe certainement une place hors ligne dans la littérature scientifique. Au surplus, le reproche de brièveté excessive, adressé par Tournefort aux descriptions du *Pinax*, n'est point fondé, car, dans la pensée de l'auteur, ce livre était un simple catalogue de toutes les espèces végétales connues. G. Bauhin avait composé un grand ouvrage en 12 livres, intitulé *Theatrum botanicum sive historia plantarum*, où celles-ci étaient longuement décrites. Le premier livre, contenant les Graminées, les Cypéracées, les Joncées, quelques Iris et Asphodèles, a été publié par les soins de son fils, Jean Gaspard. Par conséquent on peut affirmer que la brièveté des noms de plantes cités dans le *Pinax*, loin d'être un défaut, est au contraire une qualité qui a été la principale cause du succès de ce livre, de sorte que, suivant nous, G. Bauhin mérite d'être

---

(1) Réminiscence du vers d'Horace « Quinti progenies Arrî, *par nobile fratrum* », *Satires*, lib. II, 3.

considéré comme un des précurseurs de la réforme Linnéenne (1). Mieux que personne, Tournefort devait être porté à rendre justice aux efforts faits par G. Bauhin pour simplifier la nomenclature, lui qui a dit avec raison : « Nomina plantarum brevia sint...... Aliud profecto est plantam appellare, aliud describere. » *Isag.*, p. 64.

Tournefort a manqué à ses habitudes d'impartialité quand il a reproché aux deux Bauhin de n'avoir pas apporté une précision suffisante dans l'établissement des genres. On peut répondre que ce défaut n'est pas particulier aux écrits des deux botanistes bâlois, car il existe plus manifestement encore dans ceux de Dodoëns, de Daléchamps, de Matth. de l'Obel, de Matthiole et des autres phytologues du XVIᵉ siècle.

Au surplus, si Jean et Gaspard Bauhin avaient eu une notion exacte de la véritable valeur des groupes génériques, Linné n'aurait pas pu dire de l'auteur des *Institutiones rei herbariæ* : « Tournefortius primus characteres genericos ex lege artis condidit. » (*Philos. bot.*, 209). Pareillement, si les frères Bauhin avaient fait un plus fréquent usage des dénominations binaires, Linné nous serait surtout connu pour avoir inventé un système de classification fondé sur le nombre et la disposition des étamines et des pistils, de telle manière que dans le groupe de la Triandrie, par exemple, on voit réunis les genres suivants :

---

(1) Nous avons en portefeuille un travail tout prêt dans lequel, prenant un à un les noms de plantes du *Species plantarum*, nous faisons le triage de ceux que Linné a empruntés à ses prédécesseurs et même aux anciens botanistes grecs et romains. La part qui revient à G. Bauhin est incontestablement la plus considérable. Nous démontrons que Linné a tantôt pris, tel quel, le nom Bauhinien lorsqu'il était conforme au principe de la nomenclature binominale, ex. : *Fumaria officinalis, Althaea hirsuta, Lepidium latifolium, Ammi majus, Glaux maritima, Eupatorium cannabinum, Echium vulgare, Gentiana cruciata, Fraxinus excelsior, Lamium maculatum, Crocus sativus, Sparganium ramosum, Ophioglosum vulgatum*, etc. ; — tantôt il a choisi parmi les trois ou quatre épithètes jointes au nom de genre celle qui lui paraissait la plus caractéristique, ex. : *Gentiana* (major) *lutea*, *Solanum tuberosum* (esculentum), *Pirola rotundifolia* (major), *Scrophularia nodosa* (foetida), *Veronica scutellata* (A. aquatica angustifolia), etc. ; — tantôt enfin il a soudé deux mots en un seul, ex. : *Malva rotundifolia* (folio rotundo), *Erodium cicutarium* (Cicutae folio), *Hippocrepis unisiliquosa* (siliqua singulari), *Bidens tripartitus* (folio tripartito) *Veronica hederifolia* (Hederae folio), etc. Il est bien entendu qu'en signalant ces emprunts, nous ne voulons en aucune manière contester à l'illustre Suédois le mérite d'avoir généralisé et systématisé le principe de la nomenclature binominale (Voyez notre opuscule intitulé : « Quel est l'inventeur de la nomenclature binaire »). **Ann. Soc. Linnéenne de Lyon XXIX, 1882.**

*Valeriana, Crocus, Ixia, Gladiolus, Iris, Schœnus, Cyperus, Scirpus* et la plupart des genres de Graminées.

Un autre défaut du *Pinax*, pour lequel nous sommes moins indulgent, est le manque de subordination des variétés aux types auxquels elles se rattachent, d'où il résulte que le lecteur, les voyant énumérées sous des numéros d'ordre consécutifs, est porté à croire qu'elles sont aussi des espèces de valeur égale aux précédentes. En outre, comme l'a fort bien remarqué Haller, (*Enumer. stirp. Helvetiæ*, préf. 6), G. Bauhin, accordant trop facilement confiance aux indications fournies par ses correspondants, a plusieurs fois cité la même plante sous des noms différents. Il était d'autant plus tenu à se montrer prudent à cet égard que, dans ses *Animadversiones in Historiam plantarum*, il avait reproché en termes sévères aux éditeurs de l'*Historia plantarum* de Daléchamps d'avoir commis de pareilles erreurs.

Malgré ces imperfections, le *Pinax* est un des documents les plus utiles pour la connaissance de la nomenclature anté-Linnéenne. Sous ce rapport, il n'a rien perdu de sa valeur et il est encore aujourd'hui indispensable à quiconque veut connaître la concordance synonymique des noms de plantes cités par les anciens botanistes. Supposons, par exemple, qu'on veuille rechercher tout ce qui a été dit au sujet du *Lathyrus sativus*. Linné nous apprend qu'il est appelé dans le *Pinax* « Lathyrus sativus flore fructuque albo », page 313. Ouvrons cet ouvrage au paragraphe indiqué et nous voyons que la susdite Papilionacée a été désignée : par Tragus, *Pisum Græcorum sativum;* — par Fuchs, *Ervum album sativum;* — par Dodoens, *Lathyrus Cicercula;* — par Cordus, *Phaseolus minor;* — par Lacuna, *Ervum;* par Anguillara, Lonitzer, Césalpin, Castor, Palladius, Pline et Columelle, *Cicercula;* — enfin, par Théophraste, *Lathyros.*

Certes, un ouvrage qui fournit de tels renseignements n'a point vieilli et sera toujours avantageusement consulté par les botanistes désireux de connaître l'histoire de la science qu'ils cultivent. Instruit par une longue expérience en cette matière, nous demandons qu'il nous soit permis de rendre témoignage des services que ce livre nous a rendus. Toutefois, nous devons ajouter que, pour la commodité des recherches, nous avons eu la précaution d'inscrire, en marge sur les feuillets de notre exemplaire, le nom moderne correspondant à la dénomination Bauhinienne (1).

Il est bien entendu que nous ne venons pas demander qu'on revienne à l'usage consistant à énumérer dans les flores provinciales et régionales tous les noms qui ont été donnés successivement à chaque espèce végétale. Nous avons longuement expliqué, en plusieurs de nos opuscules, que la nomenclature est uniquement destinée à nommer les plantes d'une manière claire et commode et non à en retracer les péripéties historiques. « La recherche de la priorité des noms et de leur synonymie, avons-nous dit, a sa place dans les monographies étendues des genres et des espèces, ouvrages auxquels il est facile de se reporter. Mais il importe de ne jamais oublier que le langage parlé ou écrit, surtout en ce qui concerne les *nomina trivialia*, est fait exclusivement pour notre usage et à seule fin que nous nous entendions aussi bien que possible. Dans ce but, il faut qu'il se compose des dénominations les plus connues, à condition que les épithètes spécifiques soient exactes, correctes et qu'elles forment avec les noms génériques un ensemble homogène et bien ordonné. Par conséquent, le meilleur nom est le plus usité, qu'il soit ancien ou récent, pourvu qu'il n'offense pas la vérité, le bon goût, non plus que les règles inviolables de l'orthographe et de la grammaire.

« Afin de nous délivrer de la nécessité de citer le nom de l'auteur qui a créé l'expression dont nous nous servons, il serait indispensable que, pour chaque embranchement du règne végétal et du monde animal, il fût dressé un inventaire détaillé des genres et des espèces avec leur synonymie et un court résumé historique auquel chacun de nous se référerait, de sorte que la mention du nom de l'auteur ne serait faite que dans le cas où on ne jugerait pas à propos d'adopter la dénomination mise en première ligne par le compilateur. Quelle économie de

---

(1) D'autres botanistes ont reconnu avant nous l'utilité de cette addition. En effet, nous lisons dans le *Thesaurus literaturae botanicae* de Pritzel (p. 17 de la 2ᵉ édition) que A. Pyr. de Candolle se rendit à Bâle pour étudier l'herbier de G. Bauhin et écrivit sur l'exemplaire du *Pinax* de sa Bibliothèque les synonymes de la nomenclature linnéenne. A la Bibliothèque de Lyon se trouve aussi un exemplaire du même ouvrage annoté par un botaniste nommé Vaivolet, d'après les indications contenues dans le tome V du *Système des plantes* de Mouton-Fontenille (Lyon, 1805). Ces indications elles-mêmes ont été puisées dans le *Species plantarum* de Linné.

temps et d'argent résulterait de cette simple convention qui nous débarrasserait du lourd bagage de la synonymie que nous traînons sans cesse avec nous !

« Ces *Nomenclatores* seraient réédités de demi-siècle en demi-siècle, soit afin d'y introduire les noms des espèces nouvellement créées, soit pour mettre à la retraite, c'est-à-dire à l'arrière-plan, les expressions démodées ou pour réformer les locutions vicieuses, sans aucun souci de la priorité. Sur ce point nous ne pouvons admettre, avec le Congrès international réuni à Bologne en 1881, que la *fixité des noms* est la suprême loi de la nomenclature. Nous croyons, au contraire, que le langage est destiné à une évolution indéfinie, comme la science elle-même dont il est l'expression, et nous osons ajouter qu'il n'est au pouvoir de personne de fixer des bornes à la liberté indomptable de l'esprit humain » (*Bull. Soc. linnéenne de Lyon,* n° 13, janvier 1884).

Comme on le voit, nous sommes d'avis que la nomenclature doit rester distincte et complètement indépendante de l'histoire de la science, de sorte que d'une part nous réservons les droits de celle-ci et d'autre part nous ne voulons pas que les morts tyrannisent les vivants au point de leur imposer des formules perpétuelles et immuables. Le langage appartient à ceux qui le parlent et l'écrivent, et il dépend entièrement d'eux d'y apporter les modifications qui leur paraissent utiles.

Nous tenions à prouver qu'il n'existe pas de contradiction entre nos déclarations antérieures et le jugement porté plus haut par nous sur l'œuvre de G. Bauhin, puisque ce que nous avons surtout admiré en elle concerne l'histoire de la nomenclature botanique.

A ce dernier point de vue le *Pinax* est un livre d'une utilité incontestable, parce qu'il dispense, lorsqu'il ne s'agit que d'un renseignement sommaire, de recourir aux écrits des anciens botanistes. Mais pour que cet ouvrage soit intelligible, avons-nous dit, il faut nécessairement connaître la correspondance exacte de chaque nom Bauhinien avec les dénominations modernes. Or, rien n'était plus propre à faciliter la notion précise de cette concordance synonymique que l'herbier de G. Bauhin, collection qui est, en quelque sorte, un atlas en un exemplaire unique, servant d'illustration au *Pinax*. Aussi sommes-nous profondément étonné que jamais, au siècle précédent, alors

que le *Pinax* était encore un livre classique à l'usage de tous
les botanistes, aucun floriste de Bâle, ville où l'herbier de
G. Bauhin est conservé, n'ait eu l'idée de publier une nouvelle
édition de cet ouvrage avec l'addition en marge des noms de
la nomenclature Linnéenne, ou simplement un *Clavis ad C.
Bauhini Pinacem* (1).

Durant ses voyages en Suisse, en Allemagne, en Italie et en
France, G. Bauhin avait récolté une grande quantité de plantes.
En outre, il s'était mis en relation avec la plupart des botanistes
des pays ci-dessus énumérés et avec ceux de l'Angleterre, de
l'Écosse, de la Hollande, du Danemark, de la Pologne et de
la Grèce. Dans l'introduction de son *Prodromos*, il cite les noms
de 41 correspondants parmi lesquels il signale surtout un médecin de l'île de Crète, Honoré Belli (de Vicence) et son élève
dévoué Joachim Burser qui, pendant plusieurs années, parcourut les Alpes helvétiques, bavaroises et autrichiennes, la Bohême,
la Lusace, la Thuringe, la Saxe, le Languedoc, les Pyrénées,
la Provence et une partie de l'Italie (2). A l'aide des importantes contributions de ses correspondants et surtout, comme il
le dit lui-même, « grâce à un travail persévérant de 43 années
pour lequel il ne recula devant aucune dépense ni aucune fatigue, G. Bauhin forma un herbier contenant plus de quatre mille
plantes au su et au vu d'un grand nombre de Docteurs et d'Étudiants de toutes les nations » (3).

---

(1) Tel est le titre sous lequel P. Th. A. Bruhin a publié, dans le tome XXIII
(et non XIII, comme le dit Pritzel), du *Zeitschrift für die gesammten Natur-
wissenschaften*, la synonymie des noms cités dans le premier livre du *Pinax*
en se servant des indications données par Sprengel *(Hist. rei herb.)* et qui
ne sont que la répétition de celles du *Species plantarum* de Linné, et aussi
d'après les indications contenues dans le *Tentamen Florae Basileensis* par
C. F. Hagenbach. Nous ne savons pourquoi Bruhin n'a pas continué la publication de la synonymie des onze autres livres du *Pinax*. Il est encore plus
regrettable que Hagenbach, qui avait examiné attentivement l'herbier de
G. Bauhin, n'ait pas composé lui-même un *Clavis ad Pinacem*, et se soit
borné à signaler seulement dans son *Tentamen* les plantes de l'herbier de
G. Bauhin qui appartiennent à la flore bâloise.

(2) Burser avait formé un herbier en 25 volumes in folio qui, après sa
mort, fut donné à la Bibliothèque d'Upsal. Linné en tira grand profit dans la
composition de son *Species plantarum* notamment pour établir la concordance entre les noms qu'il avait adoptés et les dénominations Bauhiniennes.
Malheureusement, trois volumes (2, 5 et 17) de cette importante collection
ont été détruits en 1702 pendant un incendie. *Amoenitates academicae* I, 141.

(3) Nunc ab annis quadraginta quatuor, nullis laboribus, nullis sumptibus
parcens, nequidem molestas peregrinationes intermittens quo et plantarum
cognitionem solidam mihi compararem, easdem colligerem et asservarem **et**

L'herbier de G. Bauhin n'a pas subi les mêmes vicissitudes que ceux d'Aldrovandi, de Césalpin et de Rauwolf : il n'est jamais sorti de la patrie de son auteur. D'abord transmis au fils et au petit-fils de G. Bauhin, il passa ensuite entre les mains du professeur Lachenal qui le donna, en même temps que son herbier, à l'Université de Bâle. A ces deux importantes collections se joignit plus tard celle de Jacob Hagenbach (1).

L'herbier de G. Bauhin est contenu en vingt gros cartons de 43 centimètres de hauteur sur 29 centimètres de largeur, recouverts extérieurement d'un papier pointillé de couleur brune. Les cartons sont du temps de G. Bauhin, mais le papier qui les recouvre a été probablement appliqué par Lachenal, car il est tout à fait pareil à celui que ce dernier a mis sur les cartons de son herbier. La fermeture se fait au moyen de six cordons dont quatre ont été fixés sur le grand bord et deux au milieu du petit bord de chaque carton. Les plantes sont libres à l'intérieur d'une feuille de papier blanc buvard de 40 centimètres de longueur sur 24 centimètres de largeur. Le papier, sans marque ni filigrane, est de la fin du XVIᵉ siècle, d'après M. Oser, fabricant de Bâle très expérimenté.

Il est impossible de savoir si, comme il est probable, les plantes avaient été disposées par G. Bauhin suivant l'ordre du *Pinax*, car actuellement elles sont réunies par familles dont les titres ont été placés en tête de chacune d'elles. Une chemise commune enveloppe, soit les échantillons de la même espèce provenant de diverses localités, soit les variétés d'une même espèce. Du reste, l'arrangement n'a pas d'importance, puisqu'il a été remanié après la mort de l'auteur.

Les étiquettes ont 12 centimètres de largeur sur 5 centimètres de hauteur. Sur chacune d'elles G. Bauhin a écrit le nom de la plante avec les synonymes comme dans le *Pinax*. Il y a souvent ajouté des dessins coupés dans les ouvrages de ses prédécesseurs, Fuchs, Tragus, Matthiole, Dodoens, Matth. de l'Obel, Taber-

---

cum authorum descriptionibus conferrem : unde factum ut domi meae in *horto meo sicco supra quatuor millia* plantarum demonstrare possim, quod quam plurimi Doctores et Studiosi diversarum nationum testari poterunt. *Prodr. theatri botan. introd.*

(1) Les renseignements ci-après mentionnés nous ont été fournis par M. Voechting, professeur de botanique et directeur du Jardin de Bâle, et par M. Christ, auteur de plusieurs monographies bien connues des botanistes et de l'admirable ouvrage intitulé : « La Flore de la Suisse et ses origines. »

naemontanus et Clusius. Hagenbach y a joint des étiquettes sur lesquelles il a mis le nom Linnéen correspondant à celui du *Pinax*.

Le nombre des feuilles est de 2,100 contenant environ 2,000 espèces ou variétés ; mais comme G. Bauhin dit que son herbier se composait de plus de 4,000 plantes, on est en droit de conclure que 2000 au moins de celles-ci ont disparu, probablement parce qu'on a jeté les plantes qui avaient été attaquées par les insectes. Les échantillons qui restent sont la plupart en très bon état et paraissent avoir été fortement comprimés. Un grand nombre présentent des fleurs dont le coloris est bien conservé.

Après ce qui a été dit plus haut au sujet de la place importante que tient le *Pinax* dans la littérature botanique et de l'utilité qu'a encore actuellement ce livre pour établir la concordance des anciens noms avec les dénominations modernes, il est superflu de faire ressortir plus amplement l'intérêt qu'offrirait la description de l'herbier de G. Bauhin. Nous avons déjà exprimé le regret que cette description n'ait pas été faite lorsque la collection Bauhinienne n'avait encore éprouvé aucun dommage ni amoindrissement. Toutefois, nous souvenant du vieux proverbe « mieux vaut tard que jamais », nous avions formé le projet d'aller à Bâle pour y faire le Catalogue des espèces contenues dans les vingt volumes de cette collection. Empêché par diverses circonstances de dresser cet inventaire, nous avons voulu au moins en reconstituer une partie à l'aide des indications fournies par C.-F. Hagenbach dans son *Tentamen Floræ Basileensis adjectis C. Bauhini synonymis ope horti ejus sicci comprobatis*, 2 vol. et supplem. in-12, 1821, 1831, 1843, Basil. Comme l'ouvrage de Hagenbach, est peu commun et que, d'ailleurs, les plantes y sont énumérées suivant le système sexuel de Linné, nous avons cru que notre Catalogue de l'Herbier de G. Bauhin, bien que restreint aux espèces citées dans la Flore bâloise, ne serait pas dépourvu d'utilité, en attendant que nous ayons le loisir de le compléter.

| | |
|---|---|
| Clematis vitalba | C. silvestris latifolia. 300 *Pinax*. |
| Thalictrum aquilegifolium | T. florum staminibus purpurascentibus 337. |
| T. flavum | T. majus flavum staminibus luteis vel glauco folio 336. |
| Anemone pulsatilla | Pulsat. folio tenuius inciso et flore minore 177. |
| A. silvestris | A. silvestris alba minor 176. |
| A. nemorosa | A. nemorosa flore majore id. |

| | |
|---|---|
| A. narcissiflora | Ranunculus montanus hirsutus humilior Narcissi flore 182. |
| Hepatica triloba | Trifolium hepaticum flore simplici 330. |
| Adonis aestivalis | A. silv. flore phoeniceo ejusque foliis longioribus 178. |
| — *var.* pallida | A. silv. flore luteo pallido et albo id. |
| Myosurus minimus | Holosteo affinis cauda muris 190. |
| Ranunculus aquatilis capillaceus | R. aquaticus capillaceus 180. |
| — *var.* caespitosus | Millefolium aquaticum cornutum majus 141. |
| R. divaricatus | *Herbier.* |
| R. fluitans | M. aquat. foliis Fœniculi, Ranunculi flore et capitulo 141. |
| R. platanifolius | Caryophyllata alpina quinquefolia 322. |
| R. lanuginosus | R. montanus subhirsutus Geranii folio 182. |
| Caltha palustris | Caryophyllata palustris flore simplici 276. |
| Eranthis hiemalis | Aconitum unifolium luteum bulbosum 183. |
| Helleborus fœtidus | H. niger fœtidus 185. |
| Nigella damascena | N. angustifolia flore majore simplici cæruleo 145. |
| N. arvensis | N. arvensis cornuta id. |
| Delphinium consolida | Consolida regalis arvensis 142. |
| D. Ajacis | C. regalis hortensis flore majore et simplici id. |
| Paeonia officinalis | P. communis vel fœmina 323. |
| Nymphaea alba | N. alba major 193. |
| Papaver somniferum | P. hortense nigro semine 170. |
| — *var.* album | P. hort. semine albo id. |
| P. argemone | Argemone capitulo longiore 172. |
| Chelidonium majus | C. majus vulgare 144. |
| Fumaria officinalis | F. officinarum et Dioscoridis 143. |
| Corydalis cava | Fumaria bulbosa radice cava major id. |
| C. intermedia | F. bulbosa radice non cava minor 144. |
| C. solida | F. bulbosa radice non cava major id. |
| Raphanus raphanistrum | Rapistrum flore albo siliqua articulata 95. |
| R. sativus | Raphanus major orbicularis 96. |
| Sinapis cheiranthus | Leucoium luteum Erucæ folio 201. |
| S. alba | Sinapi Apii folio 99. |
| Diplotaxis tenuifolia | Sinapi Erucæ folio id. |
| Erucastrum obtusangulum | Eruca silvestris major lutea caule aspero 98. |
| Cheiranthus cheiri | Leucoium luteum vulgare 202. |
| Erysimum perfoliatum | Brassica campestris perfoliata flore albo 112. |
| Barbarea vulgaris | Eruca lutea latifolia sive Barbarea 98. |
| Sisymbrium officinale | Erysimum vulgare 100. |
| S. asperum | Sinapi parvum siliqua aspera 99, Montpellier. |
| S. alliarium | Alliaria 110. |
| Nasturtium anceps | *Herbier.* |
| Arabis hirsuta | Erysimo similis hirsuta non laciniata floribus albis 101. |

| | |
|---|---|
| Arabis perfoliata | Brassica silvestris foliis circa radicem cichoraceis 112. |
| A. Thaliana | Bursæ pastoris similis siliquosa major 108. |
| A. arenosa | Eruca cærulea in arenosis crescens 99. |
| Cardamine silvatica | *Herbier.* |
| Dentaria digitata | D. pentaphyllos 322. |
| D. pinnata | D. heptaphyllos id. |
| Lunaria rediviva | Viola lunaria major siliqua oblonga 203. |
| L. annua | V. l. m. siliqua rotunda id. cultivé. |
| Alyssum calycinum | Thlaspi Alysson dictum campestre majus 107. |
| Draba aizoides | Sedum alpinum hirsutum luteum 284. |
| Roripa nasturtioides | Raphanus aquaticus foliis in profundas lacinias divisis 97. |
| R. pyrenaica | Eruca palustris Nasturtii folio capsula minima *Herbier.* |
| R. amphibia | Raphanus aquaticus alter 97. |
| Armoracia rusticana | R. rusticanus 96. |
| Isatis tinctoria | Isatis silvestris angustifolia 113. |
| Iberis amara | Thlaspi umbellatum arvense Iberidis folio 106. |
| Teesdalia nudicaulis | Bursa pastoris minor foliis incisis 108. |
| Thlaspi perfoliatum | T. arvense perfoliatum minus 106. |
| Capsella bursa pastoris | Bursa pastoris major folio non sinuato 108. |
| — *variété* | B. past. media id. |
| Lepidium draba | *Herbier.* |
| Senebiera coronopus | Ambrosia campestris repens 138. |
| Rapistrum rugosum | Rapistrum monospermum 95. |
| Anastatica hierochuntina | Rosa Hiericontea 484 cultivé dans le jardin de Bauhin. |
| Cakile maritima | Eruca maritima italica 99, cultivé id. |
| Helianthemum vulgare | Chamæcistus vulgaris flore luteo 465. |
| Viola odorata | V. martia purpurea flore simplici odoro 199. |
| V. alba | V. martia alba id. |
| — *var.* flore pleno | V. martia multiplici flore id. |
| V. collina | *Herbier.* |
| V. Riviniana | V. martia inodora silvestris id. |
| V. canina | V. martia inodora silvestris id. |
| V. stagnina | V. martia arborescens purpurea id. |
| V. tricolor | V. tricolor hortensis repens id. |
| — *var.* | V. bicolor arvensis 200. |
| Reseda lutea | R. vulgaris 100. |
| R. luteola | Luteola herba Salicis folio id. |
| Drosera rotundifolia | Ros solis folio rotundo 357. |
| D. anglica | R. solis foliis oblongis id. |
| Parnassia palustris | Gramen Parnassi albo simplici flore 309. |
| Polygala vulgaris | P. major vulgaris 215. |
| P. austriaca | P. foliis circa radicem rotund., sapore admodum amaro id. |
| Cucubalus baccifer | Lychnis silvestris quæ Been album dicitur 205. |

| | |
|---|---|
| Silene rupestris | Alsine alpina glabra 251. |
| S. noctiflora | Lychnis silv. latifol. calyculis turgidis striatis 205. |
| S. nutans | L. montana viscosa alba latifolia id. |
| Lychnis Flos Cuculi | Caryophyllus pratensis flore laciniato sive Flos Cuculi 210. |
| L. diœca | L. silvestris alba simplex 204. |
| L. silvestris | L. silv. sive aquatica purpurea simplex id. |
| L. githago | L. segetum major id. |
| Saponaria officinalis | S. major lævis 206. |
| S. ocimoides | Lychnis vel Ocimoides repens montanum id. |
| S. vaccaria | L. segetum rubra foliis Perfoliatæ 204. |
| Gypsophila muralis | Caryophyllus minimus muralis 211. |
| Dianthus prolifer | C. silvestris prolifer 209. |
| D. armerius | C. barbatus silvestris id. |
| D. carthusianorum. | C. silvestris vulgaris id. |
| — var. multiflorus | Armeria rubra multiflora *Herbier*. |
| D. cæsius | C. simplex minor *Herbier*. |
| D. silvestris | C. silvestris biflorus 209. |
| D. superbus | C. flore tenuissimo dissecto id. |
| Sagina procumbens | Alsine fontana *Herbier*. |
| S. nodosa | A. nodosa gallica 251. |
| Alsine fasciculata | Polygono angustissimo folio affinis 281. |
| Mœhringia muscosa | Alsine tenuifolia muscosa 251. |
| Arenaria serpyllifolia | A. minor multicaulis 250. |
| Stellaria media | A. media id. |
| S. holostea | Caryophyllus holostius arvensis glaber flore majore 210. |
| S. graminea | C. arvensis glaber flore minore id. |
| S. uliginosa | Alsine aquatica media 251. |
| Holosteum umbellatum | Caryophyllus arvensis umbellatus folio glabro 210. |
| Mœnchia erecta | A. verna lugdunensis *Herbier*. |
| Cerastium viscosum | A. hirsuta altera viscosa 251. |
| C. semidecandrum | A. hirsuta minor id. |
| C. arvense | Caryophyllus arvensis hirsutus flore majore 210. |
| C. aquaticum | Alsine altissima nemorum 250. |
| Spergula arvensis | A Spergula dicta major 251. |
| Spergularia rubra | A. Spergulae facie minor sive Spergula minor id. |
| Linum tenuifolium | L. silvestre angustifolium flore magno 214. |
| — var. | L. silv. angust. flore minore id. |
| L. catharticum | L. pratense floribus exiguis id. |
| Tilia parvifolia | T. fœmina folio minore 426. |
| T. grandifolia | T. fœm. folio majore 427. |
| Malva moschata | Alcea folio rotundo laciniato 316. |
| M. alcea | Alcea vulgaris major id. |
| M. silvestris | M. silvestris folio sinuato 314. |
| M. rotundifolia | M. silv. folio rotundo id. |

| | |
|---|---|
| Althaea officinalis | A. Dioscoridis et Plinii 315. |
| A. hirsuta | Alcea hirsuta 317. |
| Geranium silvaticum | G. batrachioides folio Aconiti id. |
| G. pratense | G. batrachioides, Gratia dei Germanorum 318. |
| G. sanguineum | G. sanguineum maximo flore id. |
| G. columbinum | G. columbinum tenuius laciniatum id. |
| G. dissectum | G. batrach. Collum gruis Germanorum id. |
| G. rotundifolium | G folio Malvæ rotundo id. |
| G. Robertianum | G. Robertianum primum 319. |
| Erodium moschatum | G. Cicutæ folio moschatum id. |
| E. cicutarium | G. Cicutæ folio id. |
| Hypericum perforatum | H. vulgare 279. |
| — *var.* angustifolium | H. minus erectum id. |
| H. humifusum | H. minus supinum glabrum id. |
| H. montanum | Ascyrum sive Hypericum glabrum bifolium non perforatum 280. |
| — *var.* triphyllum | H. Ascyron dictum Trifolium id. |
| Acer pseudo platanus | A. montanum candidum 430. |
| A. platanoides | A. mont. tenuissimis et acutissimis foliis 431. |
| A. campestre | A. campestre et minus id. |
| Vitis vinifera | V. vinifera 299. |
| Hippocastanon vulgare | Castanea folio multifido 419. |
| Impatiens noli tangere | Balsamina lutea sive Noli me tangere 306. |
| Oxalis acetosella | Trifolium acetosum vulgare 300. |
| Dictamnus albus | D. albus sive Fraxinella 222. |
| Evonymus europaeus | E. vulgaris granis rubentibus 428. |
| — *var.* | E. vulg. granis albidis. — E. vulg. granis nigris id. |
| Staphylea pinnata | Pistacia silvestris 401. |
| Aquifolium vulgare Tourn. | Ilex aculeata baccifera folio sinuato 425. |
| Rhamnus cathartica | Rh. catharticus 478. |
| R. alpina | Alnus nigra polycarpos 428. |
| R. frangula | A. nigra baccifera id. |
| Sarothamnus vulgaris | Genista angulosa scoparia 395. |
| Genista sagittalis | Chamægenista sagittalis id. |
| G. pilosa | Ch. montana hispida 396. |
| G. tinctoria | G. tinctoria germanica 395. |
| G. germanica | G. spinosa minor germanica id. |
| Ononis campestris | Anonis spinosa flore purpureo 389. |
| O. arvensis Lam. | A. spinis carens purpurea id. |
| Anthyllis vulneraria | Loto affinis Vulneraria pratensis 332. |
| Medicago lupulina | Trifolium pratense luteum capitulo breviore 328. |
| M. falcata | Tr. silvestre luteum siliqua cornuta vel Medica frutescens 330. |
| M. sativa | Tr. siliqua cornuta sive Medica id. |
| M. minima | Tr. echinatum arvense fructu minore id. |
| Melilotus officinalis | Melilotus officinarum 331. |

| | |
|---|---|
| Trifolium rubens | Tr. montanum spica longissima rubente 328. |
| T. alpestre | Tr. montanum purpureum folio acuto crenato id. |
| T. medium | Tr. montanum purpureum majus id. |
| T. incarnatum | Tr. spica subrotunda rubra 388. |
| T. pratense | Tr. pratense purpureum 327. |
| T. arvense | Tr. arvense humile spicatum sive Lagopus 328. |
| T. scabrum | Tr. capitulo oblongo aspero 329. |
| T. montanum | T. montanum album 328. |
| T. repens | T. pratense album 327. |
| T. agrarium | T. pratense luteum capitulo Lupuli 328. |
| T. badium | T. montanum lupulinum id. |
| Lotus corniculatus *var.* pilosus. | Lotus 5-phyllus minor hirsutus 332. |
| Tetragonolobus siliquosus | Lotus pratensis siliquosus luteus id. |
| Astragalus glycyphyllus | Glycyrrhiza silvestris floribus luteo pallescentibus 352. |
| Colutea arborescens | C. vesicaria 396. |
| Vicia angustifolia | V. vulgaris acutiore folio semine parvo nigro 345. |
| V. sepium | V. sepium folio rotundiore acuto id. |
| V. dumetorum | V. maxima dumetorum 345. |
| V. cracca | V. silvestris spicata id. |
| Vicia varia *var.* polyphylla | *Herbier.* |
| E. hirsutum | Vicia segetum cum siliquis plurimis hirsutis 345. |
| Ervum tetraspermum | V. segetum singularibus siliquis glabris id. |
| E. gracile | *Herbier.* |
| Lens esculenta | Lens vulgaris 346. |
| Lathyrus aphaca | Vicia lutea foliis convolvuli minoris 345. |
| L. Nissolia | L. silvestris minor 344. |
| L. hirsutus | L. angustifolius siliqua hirsuta id. |
| L. cicera | L. sativus flore purpureo id. |
| L. sativus | L. sativus, flore fructuque albo 343. |
| L. latifolius | L. latifolius 344. |
| L. silvestris | L. silvestris major id. |
| L. tuberosus | L. arvensis repens tuberosus id. |
| L. pratensis | L. silvestris luteus foliis Viciae id. |
| Orobus vernus | O. silvaticus purpureus vernus 351. |
| O. tuberosus | O. silv. angustifolius Asphodeli radice id. |
| O. niger | O. silv. Viciae foliis 352. |
| Coronilla emerus | Colutea siliquosa sive scorpioides major 397. |
| C. vaginalis | C. siliquosa scorpioides minor id. |
| C. varia | Securidaca dumetorum minor pallide caerulea 349. |
| Ornithopus perpusillus | Ornithopodium minus 350. |
| Hippocrepis comosa | Ferrum equinum germanicum siliquis in summitate 349. |

| | |
|---|---|
| Prunus insititia | P. silvestris præcox 444. |
| P. padus | Cerasus racemosa silv. fructu non eduli 451. |
| Geum urbanum | Caryophyllata vulgaris 321. |
| G. rivale | C. aquatica nutante flore id. |
| Potentilla fragaria | Fragaria sterilis 327. |
| P. opaca | Quinquefolium montanum erectum hirsutum luteum 325. |
| P. verna | Q. minus repens luteum id. |
| P. tormentilla | Tormentilla silvestris 327. |
| P. reptans | Quinquef. majus repens 325. |
| P. anserina | Potentilla 321. |
| P. rupestris | Quinquef. fragiferum 326. |
| P. supina | Quinquef. fragifero affinis id. |
| Comarum palustre | Quinquef. palustre rubrum id. |
| Fragaria vesca | Frag. vulgaris id. |
| F. collina | F. fructu albo id. |
| Rubus saxatilis | Chamærubus saxatilis 479. |
| R. caesius | R. repens fructu caesio id. |
| R. fruticosus | R. vulgaris fructu nigro id. |
| R. idaeus | R. idæus spinosus id. |
| Agrimonia eupatoria | Eupatorium veterum sive Agrimonia 321. |
| Poterium sanguisorba | Pimpinella sanguisorba minor hirsuta 160. |
| Sanguisorba officinalis | P. Sanguisorba major id. |
| Alchimilla arvensis | Chærophyllo nonnihil similis 152. |
| Cratægus oxyacantha | Mespilus Apii folio silv. spinosa sive Oxyacantha 454. |
| Cotoneaster vulgaris | C. folio rotundo non serrato 452. |
| Sorbus domestica | S. sativa 415. |
| S. aria | Alni effigie lanato folio major 452. |
| S. torminalis | Mespilus Apii folio silvestris non spinosa sive Sorbus torminalis 454. |
| Amelanchier vulgaris | Alni effigie lanato folio minor 452. |
| Epilobium trigonum | Lysimachia siliquosa glabra 245. |
| Œnothera biennis | L. lutea corniculata id. |
| Circaea lutetiana | Solanifolia Circæa dicta major 168. |
| Myriophyllum verticillatum | Millefolium aquaticum flosculis ad foliorum nodos 141. |
| M. spicatum | M. aquat. pennatum spicatum id. |
| Trapa natans | Tribulus aquaticus 194. |
| Hippuris vulgaris | Equisetum palustre Linariæ Scopariæ folio 15. |
| Lythrum salicarium | Lysimachia spicata purpurea 246. |
| L. hyssopifolium | Hyssopifolia sive Gratiola minor 218. |
| Peplis portula | Alsine palustris minor serpyllifolia 251. |
| Myricaria germanica | Tamarix fruticosa folio crassiore sive germanica 485. |
| Philadelphus coronarius | Syringa alba sive Philadelphus Athenaei 398. |
| Bryonia dioeca | B. aspera alba baccis rubris 297. |
| Portulaca oleracea | P. angustifolia silvestris 288. |

| | |
|---|---|
| Montia rivularis | Alsine palustris minor folio oblongo 251. |
| Herniaria glabra | Polygonum minus glabrum vel Herniaria glabra *Herbier*. |
| H. hirsuta | P. minus vel Millegrana major *var*. hirsuta 282. |
| Corrigiola littoralis | P. littoreum minus flosculis spadiceis albicantibus 281. |
| Scleranthus annuus | P. angustissimo et acuto vel gramineo folio minus repens id. |
| S. perennis | P. gramineo folio majus erectum id. |
| Polycnemum arvense | Camphorata glabra congener 486. |
| Crassula rubens | Sedum arvense flore rubente 283. |
| Sedum villosum | S. palustre subhirsutum purpureum 285. |
| S. album | S. minus teretifolium album 283. |
| S. acre | S. minus vermiculatum acre id. |
| S. sexangulare | S. minus vermiculatum insipidum 284. |
| S. reflexum | S. minus luteum ramis reflexis 283. |
| Ribes nigrum | Grossularia non spinosa fructu nigro 455. |
| R. rubrum | G. multiplici acino sive non spinosa hortensis rubra seu Ribes officinarum id. |
| R. alpinum | Ribes montana Oxyacanthæ sapore 160. |
| R. uva crispa | G. simplici acino vel spinosa silvestris 455. |
| Saxifraga stellaris | Sanicula montana rotundifolio minor 243. |
| — *var*. | S. montana longifolia serrata id. |
| S. aizoides | Sedum alpinum flore pallido 284. |
| S. hirculus | Chamæcistus frisicus folio Nardi celticæ 466. |
| S. aizoon | Cotyledon minor foliis subrotundis serratis 285. |
| — *var*. | C. mediis foliis oblongis serratis id. |
| Chrysosplenium alternifolium. | Saxifraga rotundifolia aurea 309. |
| C. oppositifolium | S. rotund. aurea altera id. |
| Daucus carota | Pastinaca tenuifolia silvestris Dioscoridis sive Daucus officinarum 151. |
| Caucalis daucoides | C. arvensis echinata parvo flore et fructu 152. |
| Torilis anthriscus | Caucalis semine aspero flosculis rubentibus 153. |
| Coriandrum sativum | Coriandrum majus 158. |
| Laserpitium latifolium | Libanotis latifolia 157. |
| Angelica silvestris | A. silvestris major 155. |
| — *var*. | A. silvestris minor aquatica 156. |
| Selinum carvifolium | Seseli pratense tenuifolium vel Daucus pratensis tenuifolius 162. |
| Peucedanum cervarium | Daucus montanus Apii folio major 150. |
| — *var*. | D. pratensis Apii folio id. |
| P. alsaticum | D. alsaticus Prodr. 77. — D. montanus Apii folio flore luteo id. |
| P. oreoselinum | Apium montanum folio ampliore 153. |
| P. palustre | Seseli palustre lactescens 162. |
| Imperatoria ostruthium | Imperatoria major 156. |

| | |
|---|---|
| Heracleum sphondylium | Sphondylium vulgare hirsutum 157. |
| — *var.* | Sph. hirsutum foliis angustioribus id. |
| H. alpinum | Sph. alpinum glabrum id. |
| Pastinaca sativa | P. silvestris latifolia 155. |
| Meum athamanticum | Meum foliis Anethi 148. |
| M. mutellinum | M. alpinum umbella purpurascente id. |
| Silaus pratensis | Seseli pratense, Silaus fortè Plinii 162. |
| Athamanta cretensis | Daucus montanus multifido longoque folio 150. |
| Libanotis montana | D. montanus Apii folio minor *Prodr.* 77. |
| Fœniculum vulgare | F. vulgare germanicum 147. |
| Æthusa cynapium | Cicuta minor petroselino similis 160. |
| Œnanthe peucedanifolia | Œ. Apii folio 162. |
| Œ. fistulosa | Œ. aquatica id. |
| Phellandrium aquaticum | Cicutaria palustris tenuifolia 161.—Millefolium aquaticum umbellatum Coriandri folio 141. |
| Bupleurum rotundifolium | Perfoliata vulgatissima sive arvensis 277. |
| B. tenuissimum | B. angustissimo folio 228. |
| B. falcatum | B. folio subrotundo sive vulgatissimum 278. |
| Berula angustifolia | Sium seu Apium palustre foliis oblongis 154. |
| Pimpinella magna | P. saxifraga major umbella candida 159. |
| — *var.* flore roseo | P. saxifr. major umbella rubente id. |
| P. saxifraga | P. saxifraga minor 160. |
| — *var.* dissecta | P. saxifr. tenuifolia id. |
| Bunium carvi | Cuminum pratense sive Carvi officinarum 158. |
| B. bulbocastanum | Bulbocastanum majus folio Apii 162. |
| Ægopodium podagrarium | Angelica silvestris minor sive erratica 155. |
| Falcaria Rivini | Eryngium arvense foliis serræ similibus 386. |
| Ptychotis heterophylla | Pimpinella saxifraga tenuifolia 160. |
| Trinia vulgaris | Daucus montanus multifido folio Selini semine 150. |
| Apium graveolens | Apium palustre officinarum 154. |
| Cicuta virosa | Sium erucifolium 154. |
| Scandix pecten | Scandix semine rostrato vulgaris 160. |
| Anthriscus vulgaris | Myrrhis silvestris seminibus asperis id. |
| A. cerefolium | Chærephyllum sativum 152. |
| A. silvestris | Myrrhis silvestris seminibus lævibus 160. |
| Chaerephyllum bulbosum | Cicutaria bulbosa 161. |
| Ch. aureum | Myrrhis minor 160. |
| Ch. hirsutum | Cicutaria palustris latifolia alba 161. |
| Ch. cicutaria | Seseli montanum Cicutæ folio subhirsutum id. |
| Ch. temulum | Ch. silvestre 152. |
| Conium maculatum | Cicuta major 160. |
| Hydrocotyle vulgaris | Ranunculus aquaticus Cotyledonis folio 180. |
| Eryngium campestre | Er. vulgare 380. |
| Sanicula europaea | San. officinarum 319. |
| Hedera helix | Hedera arborea 305. |
| Cornus mas | C. silvestris mas 447. |
| Sambucus ebulus | S. humilis sive Ebulus 456. |

| | |
|---|---|
| S. ebulus *var.* laciniata | S. foliis laciniatis id. |
| S. nigra | S. fructu nigro id. |
| — *var.* laciniata | S. laciniato folio id. |
| S. racemosa | S. racemosa rubra id. |
| Viburnum lantana | Viburnum vulgo 420. |
| V. opulus | Sambucus flore simplici 456. |
| — *var.* | S. cyma globosa flore pleno id. |
| Lonicera xylosteum | Chamæcerasus dumetorum fructu gemino rubro 451. |
| L. alpigena | Ch. alpina fructu gemino rubro duobus punctis notato id. |
| Galium cruciatum | G. latifolium asperum seu Cruciata minor 335. |
| G. rotundifolium | Rubia quadrifolia seu rotundifolia lævis 334. |
| G. boreale | Rubia pratensis lævis acuto folio 333. |
| G. verum | G. luteum 335. |
| G. silvaticum | Mollugo montana latifolia ramosa 334. |
| G. erectum | Rubia silvestris lævis 335. |
| G. palustre | G. palustre album id. |
| Asperula odorata | A. seu Rubeola montana odora 334. |
| A. cynanchica | Rubia cynanchica 333. |
| A. arvensis | A. cærulea arvensis 334. |
| Sherarda arvensis | Rubeola inermis repens cærulea id. |
| Valeriana officinalis | V. silvestris major 164. |
| V. diocca | V. palustris minor id. |
| V. tripteris | V. alpina prima id. |
| V. montana | V. montana subrotundo folio 165. |
| Valerianella olitoria | V. campestris inodora major 164. |
| V. dentata | V. dentata *Herbier.* |
| V. auriculata | *Herbier.* |
| Dipsacus silvestris | D. silvestris vel Virga pastoris major 385. |
| D. laciniatus | D. folio laciniato id. |
| D. pilosus | D. silvest. capitulo minore vel Virga pastoris minor id. |
| Scabiosa arvensis | Scabiosa pratensis hirsuta officinarum 269. |
| S. silvatica | S. montana latifolia non laciniata rubra 270. |
| S. columbaria | S. capitulo globoso major id. |
| — *var.* | S. capit. glob. foliis laciniatis id. |
| S. lucida | S. capit. glob. minor id. |
| S. succisa | Succisa glabra 260. |
| — *var.* incisa | S. angustifolia palustris id. |
| Eupatorium cannabinum | E. cannabinum 320. |
| Cacalia alpina | C. foliis cutaneis acutioribus et glabris 198. |
| Petasites vulgaris | P. major et vulgaris 197. |
| P. albus | P. minor id. |
| Linosyris vulgaris | Linaria folioso capitulo luteo major et minor 213. |
| Erigeron acris | Conyza cærulea acris 265. |
| Aster amellus | A. atticus cæruleus vulgaris 267. |

| | |
|---|---|
| Bellis perennis | B. silvestris minor 261. |
| — *var.* | B. perennis prolifera *Herbier*. |
| Arnica montana | Doronicum plantaginis folio alterum 185. |
| Senecio vulgaris | S. minor vulgaris 131. |
| S. viscosus | S. incanus pinguis id. |
| S. silvaticus | S. minor latiore folio sive montanus id. |
| S. aquaticus | Jacobæa subrotundo minus laciniato folio id. |
| S. Jacobaea | J. vulgaris laciniata id. |
| S. crucifolius | J. vulgaris laciniata Erucæ folio id. |
| — *var.* heterophyllus | Senecio foliis infer. ovatis crenatis super. pinnatifidis *Herbier*. |
| S. paludosus | Conyza palustris serratifolia 266. |
| S. sarracenicus | Virga aurea angustifolia serrata 268. |
| Artemisia absinthium | Absinthium ponticum sive romanum officinarum 138. |
| A. vulgaris | Artemisia vulgaris major 137. |
| A. campestris | Abrotonum campestre 136. |
| Tanacetum vulgare | T. vulgare luteum 132. |
| Leucanthemum vulgare | Bellis silvestris caule folioso major 261. |
| L. atratum DC. | B. alpina major rigido folio id. |
| Pyrethrum corymbosum | Tanacetum montanum inodorum minore flore 132. |
| P. parthenium | Matricaria vulgaris seu sativa 133. |
| Matricaria chamomilla | Chamæmelum vulgare 135. |
| Anthemis cotula | C. fœtidum 135. |
| A. tinctoria | Buphthalmum Tanaceti minoris foliis 134. |
| Achillea millefolium | Millefolium vulgare album 140. |
| A. nobilis | Tanacetum minus album odore Camphoræ 132. |
| A. ptarmica | Dracunculus pratensis serrato folio 98. |
| Bidens tripartitus | Cannabina aquatica folio tripartito diviso 321. |
| B. cernuus | C. aquat. folio non diviso id. |
| Buphthalmum salicifolium | Aster luteus major foliis Succisæ 266. |
| Inula conyza | Conyza major vulgaris 265. |
| I. salicina | Aster montanus luteus Salicis glabro folio 266. |
| I. britannica | Conyza aquatica Asteris flore aureo id. |
| I. helenium | Helenium vulgare 276. |
| Pulicaria dysenterica | Conyza media Asteris flore luteo 265. |
| P. vulgaris | C. minor flore globoso 266. |
| Gnaphalium luteo album | Helichrysum silvestre latifolium capitulis conglobatis 264. |
| G. silvaticum | G. majus angusto oblongo folio 263. |
| G. uliginosum | G. minus repens *Herbier*. |
| Antennaria diœca | G. montanum flore rotundiore 263. |
| — *var.* | G. mont. longiore et folio et flore id. |
| Filago germanica | G. medium id. |
| Calendula arvensis | Caltha arvensis 276. |
| C. officinalis | C. vulgaris 275. |
| Echinops sphaerocephala | Carduus sphærocephalus latifolius vulgaris 381. |

| | |
|---|---|
| Silybum maculatum Mœnch | Carduus albis maculis notatus id. |
| Onopordon acanthium | Spina alba tomentosa latifolia silvestris 382. |
| Cirsium lanceolatum | Carduus lanceolatus latifolius 385. |
| C. eriophorum | C. capite rotundo tomentoso 382. |
| C. palustre | C. palustris 377. |
| C. oleraceum | C. pratensis latifolius 376. |
| C. bulbosum | C. pratensis Asphodeli radice latifolius 377. |
| C. rivulare | Cirsium angustifolium non laciniatum id. |
| C. acaule | Carlina acaulos minore purpureo flore 380. |
| C. arvense | Carduus vinearum repens folio Sonchi 377. |
| C. oleraceo-rivulare | *Herbier.* |
| Carduus personatus | C. mollis latifolius Lappæ capitulis 377. |
| C. nutans | C. spinosissimus sphærocephalus rigidis aculeis armatus 385. |
| C. defloratus | Cirsium singularibus capitulis parvis 377. |
| — *var.* pinnatifidus | C. angustifolium id. |
| Centaurea jacea | Jacea nigra pratensis latifolia 271. |
| — *var* angustifolia | J. nigra prat. angustifolia id. |
| C. montana | Cyanus montanus latifolius 273. |
| C. cyanus | C. segetum id. |
| C. scabiosa | Scabiosa major capitulis squamatis 269. |
| C. paniculata | Stoebe major calyculis non splendentibus 273. |
| C. calcitrapa | Carduus stellatus foliis Papaveris erratici 387. |
| C. solstitialis | C. stellatus luteus foliis Cyani id. |
| Serratula tinctoria | Serratula 235. |
| Carlina vulgaris | Cnicus silvestris spinosus 378. |
| — *var.* multiflora | C. silv. spinosus polycephalos id. |
| C. acaulis | C. acaulis magno flore 380. |
| Lappa major | Lappa major Arctium Dioscoridis 198. |
| L. tomentosa | L. major montana capitulis tomentosis id. |
| Cichorium intybus | C. silvestre officinarum 125. |
| Arnoseris pusilla | Hieracium minus folio subrotundo 127. |
| Lampsana communis | Soncho affinis Lampsana domestica 124. |
| Hypochœris glabra | Hieracium minus Dentis Leonis folio obtuso glabro 127. |
| H. radicata | H. Dentis Leonis folio obtuso majus id. |
| — *var.* bulbifera | H. Dent. Leon. folio bulbulis donatus *Herbier.* |
| Leontodon autumnalis | H. foliis Coronopi radice succisa majus et minus *Herbier.* |
| L. hastilis | Apargia hastilis monoclonon glabrum *Herbier.* |
| L. hispidus | Hieracium Dentis Leonis folio sub aspero 127. |
| Picris hieracioides | Cichorium pratense luteum hirsutie asperum 126. |
| — *var.* | Hieracium montanum hirsutum ramosum parvis floribus *Herbier.* |
| Tragopogon pratensis | T. pratensis luteus hirsutie asper 274. |
| T. porrifolius | T. purpureo cæruleus porrifolio quod Artifi vulgo id. |

| | |
|---|---|
| Chondrilla juncea | C. juncea viscosa arvensis 130. |
| Taraxacum officinale | Dens Leonis latiore folio 126. |
| T. palustre | Dens Leonis angustiore folio id. |
| Lactuca scariola | L. silvestris costa spinosa 123. |
| L. perennis | Chondrilla cærulea Cichorii silvestris folio 130. |
| Prenanthes muralis | Sonchus lævis laciniatus muralis parvis floribus 124. |
| P. purpurea | Lactuca montana purpureo cærulea major 123. |
| Sonchus oleraceus | S. lævis laciniatus latifolius 124. |
| S. asper | S. asper laciniatus id. |
| S. arvensis | Hieracium majus folio Sonchi vel Hieracium sonchites 126. |
| Mulgedium alpinum | Sonchus lævis laciniatus cæruleus vel Sonchus alpinus cæruleus 124. |
| Crepis taraxacifolia | Hieracium maximum asperum Chondrillæ folio 127. |
| C. setosa | H. Chondrillæ folio hirsutum foliis angustioribus *Herbier*. |
| C. fœtida | H. Chondrillæ folio hirsutum 127. |
| C. praemorsa | H. pratense latifolium non sinuatum majus 129. |
| — *var.* pauciflora | H. pratense latif. non sinuatum minus id. |
| C. biennis | H. majus erectum latifolium caule aspero 127. |
| C. virens | H. majus erectum angustifolium caule lævi id. |
| — *var.* | H. minus glabrum foliis eleganter virentibus id. |
| C. blattarioides | H. montanum latifolium glabrum majus 129. |
| C. paludosa | H. mont. latif. glabrum minus id. |
| Hieracium pilosellum | Pilosella major repens hirsuta 262. |
| H. auriculatum | P. major repens minus hirsuta id. |
| H. fallax | P. major erecta id. |
| H. praealtum | P. major erecta altera id. |
| H. pratense | H. murorum angustifolium non sinuatum 129. |
| H. glaucum | H. Tragopogonis folio id. |
| H. amplexicaule | H. saxatile asperum folio oblongo *Herbier*. |
| H. pulmonarifolium | H. pumilum saxatile asperum radice præmorsa 128. |
| H. murorum | H. murorum laciniatum minus pilosum 129. |
| H. Jacquini *var.* lyrato-acutum Vill. | H. montanum lanuginosum parvo flore id. |
| — *var.* subintegrifolium | H. pumilum saxat. asperum radice præmorsa 128. |
| H. sabaudum | H. fruticosum latifolium hirsutum 129. |
| — *var.* latifolium | H. latifolium foliis dentatis glabris *Herbier*. |
| H. umbellatum | H. fruticosum angustifolium majus 129. |
| — *var.* latifolium | H. fruticoso affine folio oblongo subrotundo *Herbier*. |
| — *Caule fasciato* | Auricula muris major silvatica *Herbier*. |
| Xanthium strumarium | Lappa minor, Xanthium Dioscoridis 198. |
| Jasione montana | Rapunculus Scabiosæ capitulo cæruleo 92. |

| | |
|---|---|
| Phyteuma orbiculare | R. folio oblongo spica orbiculari id. |
| P. spicatum | R. spicatus 92 R. albus fæmina *Herbier*. |
| — *var.* | R. albus mas *Herbier*. |
| Specularia arvensis | Onobrychis arvensis vel Campanula arvensis erecta 215. |
| Campanula glomerata | C. pratensis flore conglomerato 94. |
| C. cervicaria | C. foliis Echii id. |
| C. trachelium | C. vulgatior foliis Urticæ 94. |
| C. ranunculoides | C. hortensis Rapunculi radice id. |
| C. pusilla | C. minor rotundifolia alpina 93. |
| C. rapunculus | Rapunculus esculentus 92. |
| C. persicifolia | R. persicifolius magno flore 93. |
| C. rotundifolia | Campanula minor rotundifolia vulgaris id. |
| Vaccinium myrtillus | Vitis idæa foliis oblongis fructu nigricante 470. |
| V. uliginosum | V. idæa foliis subrotundis exalbidis id. |
| V. vitis idaea | V. idæa foliis subrotundis non crenatis baccis rubris id. |
| V. oxycoccos | V. idæa palustris 471. |
| Arbutus uva ursi | V. idæa foliis carnosis 470. |
| Calluna vulgaris | Erica vulgaris glabra 485. |
| Pirola rotundifolia | P. rotundifolia major 191. |
| P. secunda | P. folio mucronato serrato id. |
| P. uniflora | P. rotundifolia minor id. |
| Utricularia vulgaris | Millefolium aquaticum lenticulatum 141. |
| Hottonia palustris | M. aquaticum sive Viola aquatica caule nudo id. |
| Primula officinalis | Verbasculum pratense odoratum 241. |
| P. grandiflora | V. silvestre majus singulari flore id. |
| P. elatior | V. pratense vel silvaticum inodorum id. |
| P. farinosa | V. umbellatum alpinum minus 242. |
| P. auricula | Sanicula alpina lutea id. |
| Androsace lactea | Sedum alpinum gramineo folio lacteo flore 284. |
| Lysimachia vulgaris | L. lutea major 252. |
| L. nummularia | Nummularia minore flore 309 *Herbier*. |
| L. nemoralis | Anagallis lutea nemorum 252. |
| Anagallis phœnicea | A. phœniceo flore id. |
| A. cærulea | A. cæruleo flore id. |
| A. tenella | Nummularia minor purpurascente flore 310. |
| Fraxinus excelsior | F. excelsior 416. |
| Vinca minor | Clematis daphnoides minor 301. |
| Vincetoxicum officinale | Asclepias albo flore 303. |
| Erythraea centaurium | Centaurium minus 278. |
| Chlora perfoliata | C. luteum perfoliatum id. |
| Gentiana lutea | G. major lutea 187. |
| G. cruciata | G. cruciata 188. |
| G. asclepiadea | G. Asclepiadis folio 187. |
| G. pneumonanthe | G. palustris angustifolia 188. |
| G. Kochiana | G. alpina angustifolia magno flore 187. |
| G. verna | Gentianella alpina verna minor 188. |

Gentiana germanica *var.* — G. autumnalis ramosa id.

G. cærulea oris pilosis id.

G. campestris — G. pratensis flore breviore et majore id.

G. utriculosa — G. utriculis ventricosis id.

G. ciliata — G. angustifolia autumnalis *Catal.* 56.

Menyanthes trifoliata — Trifolium palustre 327.

Polemonium cæruleum — Valeriana cærulea 164.

Convolvulus sepium — C. major albus 294.

C. arvensis — C. minor arvensis id.

Borago officinalis — Buglossum latifolium 256.

Symphytum officinale — S. consolida major 259.

Anchusa officinalis — Buglossum angustifolium minus 256.

Lycopsis arvensis — B. silvestre minus id.

Lithospermum purpureo-caeruleum — L. minus repens latifolium 258.

L. officinale — L. majus erectum id.

Echium vulgare — E. vulgare 254.

Pulmonaria officinalis — Symphytum maculosum 259.

P. angustifolia — Symph. seu Pulmonaria angustifolia 260.

Myosotis palustris — Echium scorpioides palustre 254.

M. stricta — E. scorpioides arvense id.

M. versicolor — E. scorp. minus flosculis luteis id.

M. intermedia — E. scorpioides *Herbier.*

Echinospermum lappulum — Cynoglossum minus 257.

Cynoglossum officinale — C. majus vulgare id.

C. montanum — C. sempervirens id.

Asperugo procumbens — Buglossum silvestre caulibus procumbentibus 257.

Heliotropium europaeum — H. majus Dioscoridis 253.

Solanum nigrum — S. officinarum 166.

S. dulcamarum — S. scandens seu Dulcamara 167.

Physalis Alkekengi — S. vesicarium 166.

Belladona baccifera — S. bacca nigra Melanocerasos id.

Datura stramonium — S. fœtidum pomo spinoso oblongo 168.

Hyoscyamus niger — H. vulgaris vel niger 169.

Verbascum phlomoides — V. flore luteo magno 239.

V. lychnitis — V. lychnitis flore albo parvo 240.

V. nigrum — V. nigrum flore ex luteo purpurascente id.

V. blattaria — Blattaria lutea folio oblongo laciniato id. *Herbier.*

V. collinum, Thapso nigrum — *Herbier.*

V. nigro-lychnitis — *Herbier.*

Scrophularia nodosa — S. nodosa foetida 235.

S. aquatica — S. aquatica major id.

S. canina — S. Ruta canina dicta vulgaris 236.

Antirrhinum oruntium — A. arvense majus 212.

A. majus — A. majus alterum folio longiore 211.

Linaria elatine — Elatine folio acuminato flore luteo 253.

| | |
|---|---|
| Linaria vulgaris | L. vulgaris lutea flore majore 212. |
| L. minor | Antirrhinum arvense minus id. |
| Gratiola officinalis | Gr. centauroides 279. |
| Veronica chamaedrys | Chamaedrys spuria minor rotundifolia 249. |
| V. urticifolia | Ch. spuria major latifolia 248. |
| V. teucrium *forme* latifolia | Ch. spuria major sive frutescens id. |
| — *var.* angustifolia | Ch. spuria major angustifolia 249. |
| V. beccabunga | Anagallis aquatica major folio subrotundo 252. |
| V. anagallis | A. aquatica major folio oblongo id. |
| V. scutellata | A. aquatica angustifolia scutellata id. |
| V. montana | Chamaedrys spuriae affinis rotundifolia scutellata 249. |
| V. officinalis | V. mas supina et vulgatissima 246. |
| V. saxatilis | V. alpina frutescens 247. |
| V. arvensis | Alsine Veronicae foliis flosculis cauliculis adhaerentibus 250. |
| V. verna | A. Veronicae foliis *Herbier*. |
| V. triphylla | A. triphyllos caerulea 250. |
| V. præcox | *Herbier*. |
| V. agrestis | A. Chamaedryfolia flosculis pediculis oblongis insidentibus id. |
| V. polita | *Herbier*. |
| V. hederifolia | A. hederulae folio 250. |
| Erinus alpinus | Ageratum serratum alpinum 221. |
| Limosella aquatica | Plantaginella palustris 190. |
| Digitalis purpurea | D. purpurea folio aspero 243. |
| D. lutea | D. major lutea vel pallida parvo flore 244. |
| D. grandiflora | D. lutea magno flore id. |
| Euphrasia officinalis | E. officinarum 233. |
| Odontitis rubra | E. pratensis rubra 234. |
| O. lutea | E. pratensis lutea id. |
| Bartschia alpina | Clinopodium alpinum hirsutum 225. |
| Rhinanthus major | Pedicularis pratensis lutea vel Cristagalli 163. |
| Pedicularis palustris | P. pratensis purpurea id. |
| Melampyrum cristatum | M. luteum angustifolium 234. |
| M. arvense | M. purpurascente coma id. |
| M. pratense | M. luteum latifolium id. |
| Tozzia alpina | Euphrasia lutea Alsinefolia radice squamata id. |
| Orobanche rubens | *Herbier*. |
| O. amethystina | *Herbier*. |
| O. Hederae | *Herbier*. |
| Mentha rotundifolia | M. silvestris rotundiore folio 227. |
| M. silvestris | M. silvestris longioribus nigrioribus et minus incanis foliis id. |
| — *var.* | Nepeta aquatica Trago *Herbier*. |
| M. viridis | M. angustifolia spicata 227. |
| M. aquatica | M. rotundifolia palustris *Catal.* 64. |
| M. crispa | M. rotundifolia crispa spicata 227. |

Mentha hirsuta — M. verticillata minor flore globoso 228.

M. arvensis — Calamintha arvensis verticillata 229.

M. pulegium — Pulegium latifolium alterum 222.

Lycopus exaltatus — Marrubium palustre hirsutum 230, Autriche.

L. europaeus — Marrubium palustre glabrum id.

Origanum vulgare — O. silvestre album 223.

Thymus serpyllum — Serpyllum vulgare minus 220.

— *var.* major — S. vulgare majus id.

— *var.* angustifolius — S. vulg. angustifolium glabrum id.

Clinopodium vulgare — C. Origano simile 224.

Calamintha officinalis — C. vulgaris vel officinarum 228.

C. nepeta — C. Pulegii odore sive Nepeta id.

C. acinos. — Clinopodium arvense Ocimi facie 225.

— *var.* hirsuta — Calamintha incana Ocimi facie *Herbier.*

Melissa officinalis — M. hortensis 229.

Salvia pratensis — Horminum pratense foliis serratis 238.

S. glutinosa — H. luteum glutinosum id.

Nepeta cataria — Mentha cataria vulgaris et major 228.

Glechoma hederacea — Hedera terrestris vulgaris 306.

Lamium amplexicaule — L. foliis caulem ambientibus majus et minus 231.

L. purpureum — L. purpureum fœtidum folio subrotundo 230.

L. maculatum — L. maculutum 231.

L. album — L. album non fœtens folio oblongo id.

Leonturus cardiaca — Marrubium Cardiaca dictum 230.

Galeopsis angustifolia — Sideritis arvensis angustifolia rubra 233.

G. ochroleuca — S. arvensis oblongo luteo flore *Phytopinax* 342.

G. tetrahit — Urtica aculeata foliis serratis 232.

Stachys germanicus. — S. major germanica 263.

S. alpinus — Pseudostachys alpina 236.

S. palustris — S. palustris fœtida id.

S. ambiguus — S. palustris *Herbier.*

S. annuus — Sideritis vulgaris hirsuta erecta 233.

S. arvensis — Sid. alsine Trixaginis folio id.

Betonica officinalis — B. purpurea 235.

Ballota fœtida — Marrubium nigrum fœtidum 230.

Sideritis scordioides — S. foliis hirsutis profunde crenatis 233.

S. montana — Symphytum petraeum foliis Thymi 280, Goritz en Frioul.

Marrubium vulgare — M. album vulgare 230.

Melittis melissophylla — Lamium montanum Melissae folio 231.

Scutellaria galericulata — Lysimachia cærulea galericulata vel Gratiola cærulea 246.

Brunella vulgaris — B. major folio non dissecto 261.

— *var.* laciniata. — B. cæruleo magno flore foliis laciniatis id.

B. alba — B. minor alba id.

B. hyssopifolia — B. m. hyssopifolia id.

Teucrium botrys — Botrys chamædryoides 138.

Teucrium montanum — Polium lavandulifolium 220.
Ajuga reptans — Consolida media pratensis purpurea 260.
A. pyramidalis — C. media pratensis cærulea id.
A. genevensis — Bugula tenuifolia *Herbier.*
Verbena officinalis — V. communis cæruleo flore 269.
Plantago media — P. latifolia incana 189.
— *var.* — P. latifolia hirsuta minor id.
P. lanceolata (fasciée) — P. 5-nervia angustifolia major caulium sum-mitate foliosa id.

Globularia vulgaris — Bellis cærulea caule folioso 262.
G. cordifolia — B. montana frutescens id.
Atriplex angustifolia — A. silvestris angusto oblongo folio 119.
Chenopodium vulvarium — Atriplex fœtida id.
C. polyspermum — Blitum polyspermum 118.
C. Bonus Henricus — Lapathum unctuosum folio triangulo 115.
Rumex pulcher — *Herbier.*
R. nemorosus — L. aquaticum minus 116.
R. obtusifolius — L. folio minus acuto 115.
R. acutus — L. folio acuto plano id.
R. crispus — L. folio acuto crispo id.
R. hydrolapathum — L. aquaticum folio cubitali 116.
R. alpinus — L. hortense rotundifolium sive montanum 115.
R. scutatus — Acetosa scutata repens 114.
R. acetosus — A. pratensis id.
R. acetosellus — A. arvensis lanceolata id.
Polygonum bistortum — Bistorta major radice magis vel minus intorta 192.
P. amphibium — Potamogeton Salicis folio 193.
P. persicarium — Persicaria mitis maculosa 101.
P. minus — P. minor id.
P. hydropiper — P. urens sive hydropiper id.
P. aviculare — Polygonum brevi angustoque folio 281.
— *var.* — P. oblongo angustoque folio id.
— *var.* — P. latifolium id.
P. convolvulus — Convolvulus minor semine triangulo 295.
P. fagopyrum — Tragopyrum et Phygopyrum Theophrasti folio hederaceo 27.

Stellera passerina — Lithospermum Linariæ folio germanicum 259.
Thesium alpinum — Linaria montana flosculis albicantibus 213.
T. pratense — *Herbier.*
Hippophae rhamnoides — Rhamnus Salicis folio fructu flavescente 477.
Euphorbia palustris — Tithymalus palustris fruticosus 292.
E. cyparissias — T. cyparissias 291.
E. peplus — Peplus sive Esula rotunda 292.
E. silvatica — Tithymalus silvaticus lunato flore 290.
Mercurialis perennis — M. montana testiculata 122.
M. annua — M. spicata sive fœmina 121.
Buxus sempervirens — B. arborescens foliis rotundioribus 471.

| | |
|---|---|
| Ulmus campestris | U. campestris 426. |
| U. effusa | U. montana 427. |
| Urtica urens | U. urens minor 232. |
| U. diocca | U. urens maxima id. |
| Parietaria officinalis | P. officinarum et Dioscoridis 121. |
| Cannabis sativa | C. sativa 320, C. erratica mas id. |
| Quercus sessiliflora | Q. latifolia quæ brevi pediculo est 419. |
| Q. pedunculata | Q. cum longo pediculo 420. |
| Carpinus betulus | Ostrya Ulmo similis fructu in umbilicis foliaceis 427. |
| Salix fragilis | S. folio amygdalino utrinque virente aurito 473. |
| S. alba | S. vulgaris alba arborescens id. |
| S. purpurea | S. vulg. nigricans folio non serrato id. |
| — var. | S. humilis capitulo squamoso 474. |
| S. caprea. | S. latifolia rotunda id. |
| S. repens | S. humilis angustifolia id. |
| Populus tremula | P. tremula 429. |
| P. alba | P. alba majoribus foliis id. |
| P. canescens | P. alba minoribus foliis id. |
| P. nigra | P. nigra id. |
| Betula alba | Betula 427. |
| Alnus glutinosa | Alnus rotundifolia glutinosa viridis 428. |
| A. incana | A folio incano id. |
| Alisma plantago | Plantago aquatica latifolia 190. |
| — var. | P. aquatica angustifolia id. |
| Sagittaria aquatica | S. aquatica major 194. |
| — var. | S. aquatica minor angustifolia id. |
| — var. | S. aquat. minor latifolia id. |
| Butomus umbellatus | Juncus floridus major 12. |
| Veratrum Lobelianum | Helleborus albus flore sub viridi 186. |
| Tulipa silvestris | T. lutea minor gallica 63. |
| Lilium martagon | L. floribus reflexis montan. flore rubente 77. |
| Scilla bifolia | Hyacinthus stellaris bifolius germanicus 45. |
| — var. albiflora | H. stellaris albus id. |
| — var. trifolia | H. stellaris trifolius id. |
| S. italica | H. stellatus cinereus 46. |
| Ornithogalum umbellatum | O. majus umbellatum angustifolium 70. |
| O. sulphureum | O. angustif. majus floribus ex albo virescentibus id. |
| Gagia lutea | O. luteum magno flore 71. |
| G. arvensis | O. luteum minus id. |
| Allium vineale | A. silvestre campestre purpurascens 74. |
| A. ampeloprasum | A. sphærico capite folio latiore id. |
| A. sphaerocephalum | A. silv. tenuifolium capitatum purpurascens id. |
| A. nigrum | *Herbier.* |
| A. ursinum | A. silv. latifolium id. |
| A. oleraceum | A. montanum bicorne flore ex albido 75. |
| A. carinatum | A. montanum bicorne angustif. flore purpurascente 74. |

| | |
|---|---|
| A. fallax | A. montan. foliis Narcissi minus 75. |
| Muscari comosum | Hyacinthus comosus major purpureus 42. |
| M. racemosum | H. racemosus cæruleus minor juncifolius 43. |
| Phalangium liliago | P. parvo flore non ramosum 29. |
| P. ramosum | P. parvo flore ramosum id. |
| Paris quadrifolia | Solanum quadrifolium bacciferum 167. |
| Polygonatum verticillatum | P. angustifolium non ramosum 303. |
| P. multiflorum | P. latifolium vulgare id. |
| P. vulgare | P. latifolium flore majore odoro id. |
| Convallaria maialis | Lilium convallium majus 87. |
| Maianthemum bifolium | L. convallium minus 304. |
| Asparagus officinalis *var.* maritimus | A. maritimus crassiore folio 490. |
| — *var.* tenuifolius | A. silvestris tenuissimo folio id. |
| Crocus vernus | C. vernus latifolius 63. |
| Iris germanica | I. hortensis latifolia 31. |
| I. pseudacorus | Acorus adulterinus 34. |
| I. sibirica | I. pratensis angustifolia non fœtida altior 32. |
| Galanthus nivalis | Leucoium bulbosum trifolium minus 56. |
| Leucoium vernum | L. vulgare 55. |
| Narcissus pseudonarcissus | N. silvestris pallidus calyce luteo 52. |
| Ophrys arachnites | O. fucum referens foliolis superior. candidis et purpurascentibus 83. |
| Triglochin palustre | Gramen junceum spicatum sive Triglochin 6. |
| Potamogiton natans | P. rotundifolium Dioscoridis 193. |
| P. crispus | P. foliis crispis id. |
| P. pectinatus | P. gramineum ramosum id. |
| P. compressus | P. racemosum angustifolium id. |
| Arum maculatum *var.* non maculatum | A vulgare non maculatum 195. |
| Acorus calamus | A. verus sive Calamus aromaticus officinarum 34. |
| Typha latifolia | T. palustris major 20. |
| T. minima | T. palustris minor id. |
| Sparganium ramosum | S. ramosum 15. |
| Juncus conglomeratus | J. lævis panicula non sparsa 12. |
| J. diffusus | J. lævis alter id. |
| J. filiformis | J. lævis panicula sparsa minor id. |
| J. lamprocarpus | Gramen junceum folio articulato aquaticum 5. |
| J. silvaticus | Gr. junceum folio articulato silvaticum id. |
| J. squarrosus | Gr. junceum foliis et spica junci id. |
| J. compressus | J. parvus cum pericarpio rotundo *Herbier.* |
| J. bufonius | Gr. nemorosum calyculis paleaceis 7. |
| Luzula vernalis | Gr. hirsutum latifolium minus id. |
| L. maxima | Gr. hirsutum latifolium majus id. |
| L. spadicea | *Herbier.* |
| L. albida | Gr. hirsutum angustifolium majus id. |
| L. campestris | Gr. hirsutum capitulis Psyllii id. |
| L. congesta | Gr. hirsutum capitulo globoso id. |

| | |
|---|---|
| Cyperus fuscus | Gr. cyperoides minus panicula sparsa nigricante 6. |
| C. flavescens | Gr. cyper. min. panic. sparsa subflavescente id. |
| Eriophorum latifolium | Gr. pratense tomentosum panicula sparsa 4. |
| Scirpus silvaticus | Gr. cyperoides miliaceum 6. |
| S. maritimus | Cyperus rotundus inodorus germanicus 14. |
| S. lacustris *var.* Tabernaemontani | Juncus sive Scirpus medius 12. |
| S. Duvalii | *Herbier.* |
| S. triqueter | Juncus acutus maritimus caule triangulo 11. |
| S. Rothii | |
| S. setaceus | G. junceum minimo capitulo squamoso 6. |
| Carex disticha | Gr. nemorosum palustre spica rufescente molli 7. |
| C. brizoides | Gr. foliis et spica junci minus *Herbier.* |
| C. vulpina | Gr. cyperoides palustre majus spica compacta 6. |
| C. muricata | Gr. nemorosum spicis parvis asperis 7. |
| — *var.* virens | Gr. cyperoides spicis minoribus minus compactis id. |
| Carex divulsa | Gr. cyperoides spicis minoribus minus compactis 6. |
| C. stellulata | Gr. cyperoides spicis minoribus *Prodr.* 13. |
| C. remota | Gr. junceum polystachyon *Herbier.* |
| C. stricta | Gr. cyperoides angustifolium caule triangulo 6. |
| C. maxima | Gr. cyper. spica pendula longiore et angustiore id. |
| C. alba | Gr. silvaticum angustifolium spina alba 4. |
| C. præcox | Gr. spicatum caryophyllatum pratense majus *Herbier.* |
| — *var.* umbrosa | *Herbier.* |
| C. montana | Gr. spicatum angustifolium montanum *Herbier.* |
| C. digitata | Gr. caryophyllatum montanum spica varia 4. |
| C. ornithopoda | Gr. caryophyllatum nemorosum spica multiplici id. |
| C. silvatica | Gr. arundinaceum spica multiplici 7. |
| C. flava | Gr. palustre aculeatum germanicum vel minus 7. |
| C. Hornschuchiana *var.* fulva | *Herbier.* |
| C. pseudocyperus | Gr. cyperoides spica pendula breviore 6. |
| C. paludosa | Gr. cyper. latifolium spica rufa caule triangulo id. |
| C. riparia | Gr. cyper. latif. spica spadiceo viridi majus id. |
| C. hirta | Gr. spicatum foliis et spicis hirsutis mollibus 4. |
| Phalaris arundinacea | Gr. paniculatum latifolium arundinaceum spicatum 6. |
| Ph. variegata | Gr. paniculatum folio variegato 3. |
| Anthoxanthum odoratum | Gr. pratense spica flavescente *Theatr.* 44. |

| | |
|---|---|
| Phleum pratense | Gr. typhoides maximum spica longissima 4. |
| P. nodosum | Gr. typhoides asperum alterum id. |
| — *var.* | Gr. typhoides culmo reclinato id. |
| P. Boehmeri | Gr. typhoides asperum primum id. |
| Alopecurus pratensis | Gr. phalaroides spica molli id. |
| A. agrestis | Gr. typhoides spica angustiore id. |
| A. fulvus | *Herbier.* |
| Seslera caerulea | Gr. glumis variis 10. |
| Setaria viridis | Gr. paniceum spica simplici 8. |
| S. verticillata | Gr. paniceum spica aspera id. |
| Panicum crus galli *var.* muticum | Gr. Sorghi panicula erectum id. |
| — *var.* aristatum | Gr. paniceum spica aristis longis armata id. |
| P. sanguinale | Gr. dactylon folio latiore 8. |
| — *var.* | Gr. dactylon esculentum 8. |
| Cynodon dactylon | Gr. dactylon folio arundinaceo majus 7. |
| Andropogon ischaemum | Gr. dactylon spicis villosis 8. |
| Phragmites communis | Arundo vulgaris seu Phragmites Dioscoridis 17. |
| Calamagrostis epigeios | Gr. arundinaceum panicula molli spadicea majus 7. |
| Agrostis vulgaris | Gr. montanum panicula miliacea sparsa *Herbier.* |
| A. spica venti | Gr. segetum panicula arundinacea *Theatr.* 34. |
| Lasiagrostis argentea | Gr. arundinaceum panicula molli spadicea minus 7. |
| Milium effusum | Gr. silvaticum panicula miliacea sparsa 8. |
| Aira canescens | Gr. sparteum monspeliacum vel capillaceo folio minimum 5. |
| Avena sativa | Avena vulgaris alba 23. |
| A. nuda | A. nuda id. |
| Arrhenaterum elatius *var.* bulbosum | Gr. nodosum avenacea panicula 2. |
| Holcus lanatus | Gr. pratense paniculatum molle id. |
| Glyceria fluitans. | Gr. aquaticum fluitans multiplici spica 3. |
| Poa nemoralis | Gr. foliolis junceis oblongis radice alba *Herbier.* |
| P. bulbosa | Gr. arvense panicula crispa 3. |
| P. compressa | *Herbier.* |
| P. silvatica Vill. | Gr. pratense paniculatum minus 2. |
| Eragrostis poaeoides | *Herbier.* |
| E. pilosa | *Herbier.* |
| Melica ciliata | Gr. avenaceum montanum lanuginosum 10. |
| M. nutans | Gr. avenac. mont. locustis rubris id. |
| M. uniflora | Gr. avenac. locustis rarioribus id. |
| Briza media | Gr. tremulum majus 2. |
| Dactylis glomerata | Gr. spicatum folio aspero 3. |
| Molinia caerulea | Gr. arundinaceum enode majus montanum 7. |
| Cynosurus cristatus | Gr. pratense cristatum 3. |

| | *Herbier.* |
|---|---|
| Festuca heterophylla | |
| Bromus tectorum | Festuca avenacea sterilis humilior 9. |
| B. sterilis | F. avenacea sterilis elatior id. |
| B. erectus | F. pratensis lanuginosa id. |
| B. commutatus | F. graminea glumis vacuis 9. |
| B. squarrosus | F. aristis longis incurvis *Herbier.* |
| Hordeum hexastichon | Hord. polystichum hibernum 22. |
| H. murinum | Gr. hordeaceum minus et vulgare 9. |
| Elymus europaeus | Gr. hordeaceum montanum majus id. |
| Triticum hibernum | T. hibernum aristis carens 21. |
| T. turgidum | T. longioribus aristis spica cœrulea id. |
| — *var.* compositum | T. multiplici spica id. |
| T. spelta | Zea dicoccos vel major 22. |
| T. monococcum | Z. Briza dicta vel monococcos 21. |
| T. amyleum | Z. amylea vel Zeopyron amyleum 22. |
| Agropyrum junceum | Gr. angustifolium spica tritici muticæ simili 9. |
| A. repens | Gr. latifolium spica triticea latiore 8. |
| A. caninum | Gr. spica secalina *Prodr.* 18. |
| Brachypodium silvaticum | Festuca dumetorum 10. |
| B. pinnatum | Gr. spica Brizæ majus 9. |
| Lolium perenne | Gr. loliaceum latifolium angustiori folio et spica id. |

Avec la description de la collection de plantes sèches formée
par G. Bauhin se termine notre *Histoire des anciens herbiers.*
Ainsi que nous l'avons expliqué dans un précédent chapitre
(p. 23), l'usage de conserver les plantes en vue de l'étude de
leurs caractères et de leur arrangement systématique est devenu
tellement général parmi les botanistes à partir du milieu
du XVII<sup>e</sup> siècle que nous avons été obligé de renoncer à
poursuivre nos recherches au-delà de cette époque, d'abord à
cause des difficultés de l'entreprise et ensuite en raison de
l'étendue trop considérable qu'aurait eue notre notice historique, déjà assez longue pour épuiser la patience du lecteur (1).

---

(1) On aura une idée de ces difficultés par la simple énumération de
quelques herbiers de botanistes célèbres :

Herbiers de Jacquin, Host, Boccone, conservés à Vienne ; — de Plukenet,
Ray, Kaempfer et Linné, à Londres ; — de Dillenius et Sibthorp, à Oxford ;
— de Joachim Burser, à Upsal ; — d'Hermann, à Leide ; — de Rivin, à Dresde ;
— de Wildenow, à Berlin ; — de Micheli, à Florence ; — de Loureiro, à
Lisbonne ; — de Vaillant, Tournefort, Jussieu, Paul Lucas, Gaston d'Orléans, Michaux, Desfontaines, à Paris ; — de Goiffou, Claret de la Tourrette
et l'abbé Rozier, à Lyon ; — de Villars et de Mutel, à Grenoble ; — de La-
peyrouse, à Toulouse. (l'herbier de Chaix a été détruit pendant un incendie) ;
— de Pierre Chirac (l'herbier de Chirac a été faussement attribué à Magnol,
lequel donna son herbier à Linné) ; de Gouan et de Broussonnet, à Montpellier. Nous nous bornons à ces quelques exemples ne voulant pas donner ici
la liste de tous les herbiers qui ont été conservés.

Nous osons espérer que, malgré ses imperfections, notre travail sera jugé avec indulgence par les savants qui s'intéressent aux recherches rétrospectives se rapportant aux manifestations de l'esprit humain, à quelque ordre d'idées qu'elles appartiennent. Personne n'est étonné de voir les artistes et les architectes s'appliquer avec zèle à l'étude des formes diverses de l'art et à celle des monuments de l'Antiquité, du Moyen Age et de la Renaissance. Les historiens ne se sont fait aucun scrupule d'écrire plusieurs volumes sur le passage des Alpes par Annibal, sur l'emplacement d'Alesia, la forteresse gauloise assiégée par César, et sur une multitude d'autres questions de pure curiosité. Pourquoi ne serait-il pas permis aux naturalistes de rechercher les origines de l'institution des Musées, des Jardins botaniques et zoologiques dont ils ont retiré un si grand profit pour l'étude des animaux, des minéraux, des roches et des plantes? L'histoire des herbiers, objet du présent travail, n'est-elle pas digne d'intéresser les botanistes, puisque chacun d'eux a coutume de former, pour son utilité particulière, un Musée de plantes sèches contenant non seulement les espèces végétales récoltées par lui-même, mais encore celles qui lui ont été envoyées par ses correspondants de divers pays. Aux matériaux d'étude amassés isolément par le travail individuel, s'ajoutent encore ceux, incomparablement plus importants, qu'on accumule sans cesse dans les Musées botaniques annexés à tous les grands établissements d'instruction publique. Assurément, l'examen des plantes mortes est beaucoup moins instructif que l'inspection des plantes vivantes, car certains caractères ne peuvent être constatés que sur le vif, et d'ailleurs la vue d'un être vivant laisse dans l'esprit une impression plus exacte et des souvenirs plus durables que celle d'un cadavre. Toutefois, les herbiers ont sur les jardins l'avantage d'offrir en un petit espace, une collection variée de végétaux que chacun peut examiner en toute saison, et aussi souvent qu'il le désire. Si l'on veut nous permettre une comparaison qui traduit bien notre pensée, nous dirons que, dans un herbier bien ordonné, chaque échantillon est comme un serviteur docile qui répond au premier appel. Outre la commodité qu'elles offrent pour l'examen des caractères spécifiques, les collections de plantes sèches donnent à ceux qui les arrangent l'habitude du classement méthodique sans lequel la Botanique descriptive ne serait qu'un affreux cahos.

De toute œuvre bien conçue se dégage une pensée philosophique qui a dirigé l'auteur dans ses investigations. C'est pourquoi nous croyons devoir exprimer sous forme de conclusion l'idée dominante de notre travail. En premier lieu, nous déclarons que, suivant nous, l'Institution des Herbiers est intimement liée à celle des Jardins botaniques et des Musées en général. Secondement, nous appuyant sur les faits historiques exposés dans un précédent écrit (1), nous constatons que les Sciences naturelles n'ont été véritablement constituées en corps de doctrine que lorsqu'un homme de génie, sans être mieux doué que ses prédécesseurs sous le rapport du talent d'observation, a eu l'idée sublime de collectionner des êtres vivants afin que, les ayant constamment sous les yeux, il pût facilement noter leurs caractères et en même temps leurs ressemblances et différences. Telle est, à notre avis, l'origine des admirables découvertes d'Aristote.

Après la mort de cet illustre collectionneur et de son élève Théophraste, l'Institution des Musées disparaît, et dès lors les sciences naturelles restent stationnaires pendant une longue période qui a duré dix-sept fois cent ans. Elles prennent un nouvel essor lorsque d'autres collectionneurs reviennent à la tradition Aristotélique jusque-là délaissée. Nous sommes donc autorisé par les enseignements de l'Histoire à conclure que l'Institution des Musées, en facilitant l'observation des roches, des plantes et des animaux, a été la principale cause des progrès accomplis dans l'étude des sciences naturelles.

Assurément de tels services justifient la tentative que nous avons faite d'introduire dans l'histoire générale de la Botanique un chapitre concernant les origines de l'Institution des Herbiers.

--------

(1) *Origines des sciences naturelles.* Paris, 1882, J.-B. Baillière.